Photo Sonder

Bild 1. Größerer Schlammtopf (Acihver) beim Nyi Hver, Krisuvik, in Tätigkeit.
Im Hintergrund Dämpfe der großen Soffione

Publikationen herausgegeben von der Stiftung
„VULKANINSTITUT IMMANUEL FRIEDLÄNDER"
Sitz: Mineralogisch-Petrographisches Institut der Eidg. Technischen Hochschule Zürich

Nr. 2

RICHARD A. SONDER

Studien über heisse Quellen und Tektonik in Island

mit 13 Tafeln und 2 Figuren im Text

Springer-Science+Business Media, B.V.

1941

Additional material to this book can be downloaded from http://extras.springer.com

ISBN 978-3-7643-0562-8   ISBN 978-3-0348-5884-7 (eBook)
DOI 10.1007/978-3-0348-5884-7

Die Stiftung Vulkaninstitut Immanuel Friedländer

ist auf Wunsch des Stifters Dr. I. Friedländer in die Verwaltung eines Stiftungsrates übergegangen. Dem Stiftungsrate gehören an:

> *Prof. Dr. P. Niggli, Präsident,*
> *Dr. R. A. Sonder (z. Zt. landesabwesend),*
> *Dr. H. Boßhardt, Aktuar,*
> *Prof. Dr. C. Burri, Redaktor, Quästor ad int.,*
> *Dr. C. Friedländer,*

alle in Zürich. Sitz der Stiftung ist das Mineralogisch-Petrographische Institut der Eidgenössischen Technischen Hochschule (Zürich 6, Sonneggstraße 5), das auch die Sammlungen des frühern Vulkaninstituts in Neapel beherbergt.

Der Stiftungsrat hat beschlossen, an Stelle der frühern « Zeitschrift für Vulkanologie » und als deren Fortsetzung, Einzelabhandlungen herauszugeben, die in zwangloser Folge erscheinen sollen. In erster Linie kommen Arbeiten aus dem Gebiete der Vulkanologie zum Abdruck, deren Ausführung durch die Stiftung ermöglicht wurde.

Als zweiter Band der Schriftenfolge wird hiermit eine Arbeit von Dr. R. A. Sonder, betitelt « Studien über heiße Quellen und Tektonik in Island » der Öffentlichkeit übergeben.

Zürich, im Februar 1941.

Für die Stiftung Vulkaninstitut Immanuel Friedländer,
Der Präsident: *P. Niggli.*
Der Aktuar: *H. Boßhardt.*

Geleitwort.

Diese Arbeit ist das Ergebnis von Studien, welche im Rahmen einer von Herrn Dr. Lauge Koch, Kopenhagen, mit Unterstützung von Regierungsseite organisierten Expedition nach Island durchgeführt wurden, und zwar in den Sommern der Jahre 1935 und 1936. Meine spezielle Aufgabe war das Studium der heißen Quellen. Auf zahlreichen Exkursionen kreuz und quer durch SW-Island konnte ich auch noch andere Beobachtungen anstellen, welche den geologischen Bau dieser großen atlantischen Insel betreffen. Mancherlei Anregungen sind daraus erwachsen, welche mich verschiedene Dinge anders sehen ließen, als sie von früheren Besuchern der Insel erklärt wurden.

Die nachstehende Arbeit zerfällt in zwei Teile; der erste Teil gibt die Ergebnisse der Untersuchungen über die heißen Quellen wieder, der zweite Teil enthält Ausführungen zur vulkanischen und allgemeinen Tektonik der Insel.

Vor allem möchte ich hier Herrn Dr. Koch danken für die großzügige Unterstützung, welche er meinen Arbeiten angedeihen ließ. Viel verdanke ich der unermüdlichen Mithilfe meiner beiden isländischen Assistenten, der Herren Gudmundur Kjartansson und Gisli Thorkelsson. Auf der Reise nach Borgarfjord und Snaefellsnes sowie im Hengillgebirge erfreute ich mich der Begleitung des Herrn Sigurdur Sigurdsson aus Hveragerdi, eines guten Kenners von Land und Leuten. Er hat sich viel mit der Aufgabe beschäftigt, die heißen Quellen für die Gemüsekultur usw. in Treibhäusern zu verwenden. Ein guter Führer für das Torfajökullgebiet war uns Herr Gudmundur Arnasson aus Mula. Herr Kristleifur in Stórikroppur (Borgarfjord) machte mir viele wertvolle Angaben über die dortigen Thermen.

In bezug auf die Rechtschreibung der isländischen Namen wurde davon abgesehen, die besonderen isländischen Schriftzeichen zu verwenden. Dieselben wurden durch nahestehende universelle Schriftzeichen ersetzt.

Der Verfasser.

Inhaltsverzeichnis.

Erster Teil

Die solfathermalen Erscheinungen von SW-Island.

A. Untersuchungsziele und Arbeitsweise.

Literatur.

Über die heißen Quellen von Island liegen in wissenschaftlichen Studien und Reisenachrichten zahlreiche Notizen vor. Ich führe hier nur die Untersuchungen an, welche für die Kenntnis der Solfathermalaustritte Islands besondere Bedeutung haben.

Ein Pionierwerk für die damalige Zeit waren zweifellos die sehr eingehenden Forschungen von *Bunsen* (1853) und *Descloiseaux*, welche man auch heute noch mit Interesse liest. Diese Untersuchungen brachten zum ersten Male eine größere Anzahl von chemischen Analysen über die solfathermalen Gas- und Wasserzusammensetzungen.

Diese Forschungen wurden von *Christensen* (1890) und später von *Thorkelsson* (1910, 1928, 1930) fortgesetzt. *Thorkelsson* hat durch langjährige Arbeit von vielen heißen Quellen gute Gasanalysen angefertigt. Dank seiner Untersuchungen, sowie der bereits zitierten Arbeiten, ist man heute über die Zusammensetzung der Gasphase der isländischen Quellen gut unterrichtet.

Erwähnenswerte Verdienste an der Erforschung der isländischen Solfathermen hat auch *Thoroddsen* (1901, 1925). *Thoroddsen* war vor allem Geograph und Geologe, deshalb kommen in seinen Darlegungen die physikalische und chemische Seite des Problems etwas zu kurz. Dafür verdankt man ihm eine einigermaßen vollständige Übersicht über die verschiedenen heißen Quellen mit wertvollen Einzelangaben, Temperaturmessungen usw.

Barth hat neuerdings weitere Zusammenstellungen über die isländischen Solfathermen veröffentlicht (1935, 1936).

Aufgabe und Arbeitsmethoden.

Zweck meiner Untersuchungen war eine zusammenfassende, vergleichende Studie der Solfathermen von SW-Island. Es handelte sich weniger darum, detailliertere Spezialuntersuchungen anzustellen, als darum, die Gesamtverhältnisse zu erfassen. Leider war es nicht möglich, alle

Quellen Islands in die Untersuchung einzubeziehen. Der erste Untersuchungssommer ging praktisch verloren, da ich nach wenigen Arbeitstagen ernstlich erkrankte. Dagegen konnten 1936 zirka sechs Wochen für das Quellstudium verwendet werden. Es wurden fast sämtliche der zahlreichen Quellstellen SW-Islands persönlich besucht.

Die Temperaturverhältnisse. Da das exakte Thermometer ziemlich zu Beginn der Arbeit zerbrach, sind die Messungen nur auf zirka 1° genau, was jedoch für die gestellten Aufgaben vollauf genügt.

Schätzung des Wasserabflusses. Exakte Wassermessungen erfordern viel Zeit, so daß wir gezwungen waren, je nach den Verhältnissen mit geeigneten Methoden approximative Abflußschätzungen und Messungen auszuführen. Die angegebenen Abflußzahlen sind deshalb nur ungefähre Orientierungszahlen.

Summarische Gasanalysen im Felde haben sich als sehr wertvoll erwiesen, weil dadurch sofort gewisse Anhaltspunkte über den chemischen Charakter der Austritte gewonnen werden konnten. Die Gasanalysierungsausrüstung bestand aus einer unten offenen Auffang- und Meßbürette. Diese Bürette hatte oben einen Doppelweghahn, welcher mit Gummiverbindungsstücken an verschiedene Absorptionskolben angeschlossen werden konnte. Zuerst wurde Schwefelwasserstoff mit Bleiazetat in essigsaurer Lösung niedergeschlagen. Darauf wurde die Kohlensäure mit Kalilauge absorbiert. Schließlich wurde noch mit Pyrogallussäure auf Sauerstoff geprüft. Die Restgase wurden der Verbrennungsprobe unterworfen. Diese im Felde leicht durchführbare Analyse ist in bezug auf das Verhältnis von Schwefelwasserstoff und Kohlensäure leider ziemlich ungenau, da während der Schwefelwasserstoff-Absorption auch schon ein Teil der Kohlensäure mit absorbiert wird. Besonders bei geringeren Gehalten von Schwefelwasserstoff ergeben sich leicht zu hohe Werte für dieses Gas, während die Kohlensäurewerte zu niedrig ausfallen. Bei relativ hohen Schwefelwasserstoffgehalten schienen die Werte einigermaßen richtig herauszukommen. Es wurde versucht, die Kohlensäureabsorption durch Verwendung von konzentrierter Kochsalzlösung zu vermindern.

Der Gehalt an Wasserdampf wurde bei einer ganzen Anzahl von Dampfquellen bestimmt. Es wurde dabei Sorge getragen, daß keine fortgeschritteneren Kondensationsstadien analysiert wurden. Als Methode haben wir das Vorgehen angewandt, welches von *Day* und *Allen* (1927) beschrieben wird. Das Wasser wurde in einem Auffangkolben kondensiert und das Volumen der nicht kondensierbaren Gase in den nachgeschalteten Aspirationsgefäßen über Wasser bestimmt. Diese Methode schien uns allerdings für die Verhältnisse auf Island nicht exakte Resultate zu geben. Offenbar war die Absorption der Gase im Wasser (H_2S und CO_2)

keineswegs ganz unbedeutend. Wir suchten den Übelstand zu vermindern durch die Hintereinanderschaltung von verschiedenen Aspirationsgefäßen, um die Kontaktfläche mit Wasser herabzusetzen. Ein weiterer Nachteil bestand darin, daß bei den gegebenen Arbeitsbedingungen im Felde die Aspirationsgefäße beständig großen Temperaturschwankungen unterworfen waren. (Bald heiße Dämpfe, bald kalte Luftzüge.) Es mangelte an Zeit, geeignete Schutzmaßnahmen aufzubauen. Aus diesen Gründen haben die nachstehend angeführten Wassergehaltszahlen keinen Anspruch auf sehr große Exaktheit.

Um rasch einen Anhaltspunkt über den Dampfgehalt zu erhalten, verwandten wir auch noch folgende Methode: Die Dämpfe wurden durch eine isolierte Röhre in einen Glaszylinder geschickt in Form der normalen Gasprobezylinder (beidseitig offen mit ausgezogenen Enden). Wenn nun die Zufuhr des Dampfes plötzlich abgeschlossen wurde und das andere Zylinderende unter Wasser gehalten wurde, füllte sich der ganze Zylinder mit Wasser bis auf eine kleine Gasblase, deren Größe im Verhältnis zum wassererfüllten Zylinderraum den Gehalt an nicht kondensierbaren Gasen abzuschätzen gestattete. Obwohl sich bei dieser Methode leicht Fehler ergeben können, so konnte man doch unter Verwendung einiger Vorsichtsmaßnahmen damit Resultate erhalten, welche mit der vorstehend beschriebenen, komplizierteren Dampfbestimmung einigermaßen übereinstimmten. Ich glaube, es ließe sich auf diesem Prinzip ein brauchbarer Dampfbestimmungsapparat konstruieren, der den Vorteil hätte, sehr leicht transportierbar zu sein.

Laboratoriumsarbeiten.

Zur Kontrolle der summarischen Feldanalysen wurden einige Gasproben gesammelt (in eingeschmolzenen Glasröhren). Diese Proben wurden zuvorkommenderweise von Herrn *Dr. Zürcher* am analytisch-chemischen Laboratorium der Eidgenössischen Technischen Hochschule in Zürich analysiert. Ich gebe nachstehend die Analysenresultate wieder (in Volumenprozent):

Nr.	Lokalität	Nr.	H_2S	CO_2	O_2	CH_4	H_2	N_2 Restgase	Chemischer Typ **)
1	Nyje Hver, Krisuvik, 118° .	II/1	22,5	66,7	0,6	0	7,1	3,1	midsolfatoid
2	Dampfquelle Groendalur K*)	I/33	12,0	61,1	0,4	2,3	8,1	16,1	midsolfatoid
3	Hveragerdi K*)	I/48	Sp	55,2	1,1	4,4	0,5	38,8	laugoid -subsolfatoid

*) = siedend. **) Namenerklärung erfolgt später.

Nr.	Lokalität	Nr.	H_2S	CO_2	O_2	CH_4	H_2	N_2 Restgase	Chemischer Typ **)
4	Fata Großer Geysir, ca. 80°	V/20	0	10,1	0,8	0	0	89,1	laugoid
5	England K*	VI/7	0	1,0	0,5	0	0	98,5	laugoid
6	Reykjadalur Hengill, 67° .	I/28	0	86,0	0	0	0	14,0	mofetoid-laugoid
7	Middalur Hengill, zirka 60°	I/21	0	81,0	1,1	0	0	17,9	„ „
8	Nesjavellir Hengill, 67° . .	I/12	0	27,0	1,9	4,1	0	67,0	„ „
9	Lysuhólslaug Snaefellsnes, 32°	VIII/11	0	93,0	1,0	0	0	6,0	mofetoid

*) = siedend.   **) Namenerklärung erfolgt später.

Bei diesen Analysen wurde der Schwefelwasserstoff mit Jodlösung absorbiert und die unverbrauchte Jodlösung mit Thiosulfat und Stärke zurücktitriert. Kohlensäure und Sauerstoff wurden mit Kalilauge und Pyrogallollösung absorbiert. Nach Zugabe von reinem Sauerstoff wurde das Gasgemisch über glühendem Platin verbrannt. Das Methan wurde dann in der Form von Kohlendioxyd mit Lauge bestimmt. Aus der Gesamtkontraktion, welche von der Verbrennung von Methan und Wasserstoff herrührt, wurde der vorhandene Wasserstoff berechnet. Der Gasrest, welcher aus Stickstoff und Edelgasen besteht, wurde nicht weiter untersucht.

Eine große Lücke der bisherigen Untersuchungen der isländischen Solfathermen lag in den mangelnden Wasseranalysen. Es wurde deshalb eine größere Anzahl von Wasserproben gesammelt. Die Carlsberg-Brauerei in Kopenhagen hatte die Freundlichkeit, diese Proben in ihren Laboratorien analysieren zu lassen. Ich gebe nachstehend das Resultat dieser Untersuchungen wieder (Tabelle Seiten 58/59). Die Analysen wurden wie folgt durchgeführt:

V o r b e h a n d l u n g : Da in mehreren Proben ein Bodensatz ausgeschieden war (besonders in Nrn. 1, 2, 3 und 14), wurden die gesamten Proben vor dem Analysieren nach zweitägigem Stehen bei Zimmertemperatur filtriert.

Die A n a l y s e n sind nach den gewöhnlich angewandten Vorschriften ausgeführt worden. Dazu sind folgende Bemerkungen zu machen. D i e p H - M e s s u n g e n sind elektrometrisch ausgeführt. Nur die Werte der Proben Nrn. 1, 2, 3 und 16 sind einwandfrei. Die pH-Werte der andern Proben variieren mit dem augenblicklichen Kohlendioxydgehalt des Wassers, weil das pH dieser Proben innerhalb des Pufferbereiches von CO_2 liegt. Aus dieser Tatsache geht hervor, daß eine einwandfreie Messung der Wasserstoffionenkonzentration nicht möglich war. In diesen Fällen haben die gefundenen Werte nur eine relative Bedeutung, wenn man die verschiedenen Proben vergleichen will.

E i s e n wurde nur in den Proben 1, 2, 9, 14 einzeln bestimmt. Der Eisengehalt der andern Proben liegt wahrscheinlich nicht höher als zirka 3 mg Fe_2O_3 pro Liter. Die gemeinsam gefundenen Mengen von Al_2O_3 und Fe_2O_3 bestehen deshalb hauptsächlich aus Al_2O_3.

Die G e s a m t h ä r t e ist in deutschen Härtegraden ausgedrückt ($1^\circ = 1$ mg CaO oder 1,4 mg MgO in 100 cm^3), und zwar aus den CaO- und MgO-Werten berechnet.

Der S o d a g e h a l t ist aus den Härtegraden und dem Säureverbrauch ausgerechnet. Diese Größe ist also in Na_2CO_3 ausgedrückt, könnte aber ebensogut als K_2CO_3 bezeichnet werden. Der Analysenbericht ist von *E. Helm* unterzeichnet.

Die Zahlen welche unter der Kolonne « Nr. » angeführt werden, beziehen sich auf die Nummern des Quellenkatalogs. Durch Nachschlagen in diesem Teil wird man sofort die betreffende Quelle finden können, sowie die weiter interessierenden Detailangaben.

Auf eine Untersuchung der Solfathermalabsätze wurde verzichtet. Die Untersuchungsergebnisse von Gas- und Wasseranalysen zeigen, daß im Prinzip in Island ähnliche Absatzprodukte zu erwarten sind, wie man sie in andern Solfathermen bereits beschrieben hat. Natürlich bietet sich auch hier für detailliertere Untersuchungen noch ein interessantes Forschungsfeld.

B. Die Klassifikation der solfathermalen Austritte.

Allgemeine Bemerkungen.

Bei einem Versuch einer generellen Beschreibung der heißen Quellen Islands macht sich sehr bald das Bedürfnis nach einer geeigneten klassifikatorischen Bezeichnung der einzelnen Typen geltend. Die Anzahl der isländischen Solfathermen ist nämlich nicht nur sehr groß, die einzelnen Quellen sind auch sehr verschiedenartig. Die Unterteilung von *Thoroddsen* (1925), die auch von *Barth* (1936) in den Hauptzügen verwendet wurde, spricht von Fumarolen, Solfataren, alkalischen Quellen und Kohlensäurequellen. Bei näherem Studium sind jedoch diese Bezeichnungen nicht ausreichend. Gerade das Beispiel der isländischen Quellen dürfte in vieler Hinsicht wertvolle Aufschlüsse darüber geben, nach welchen Gesichtspunkten eine natürliche Klassifikation der Solfathermen aufgebaut werden muß, weil verschiedenartige Entwicklungen auf kleinem Raum beobachtbar sind. Mit Abschluß meiner isländischen Studien bin ich auf ein Klassifikationssystem gekommen, von welchem ich glaube, daß es zur wissenschaftlichen Einteilung der Solfathermen ganz allgemein anwendbar ist. Es wäre deshalb vielleicht wünschbar, daß die nachfolgenden Darstellungen das Klassifikationssystem als Schlußresultat ergeben. Ich glaube jedoch, daß die ganze Darstellung sich vereinfacht, wenn ich die Verhältnisse direkt mit Hilfe dieses neugewonnenen Systems beschreibe und anschließend die interessantesten Probleme diskutiere. Dieses Vorgehen ist um so eher berechtigt, als meine Klassifikation nicht allein rein auf isländisches Untersuchungsmaterial aufgebaut wurde, sondern auch auf die Forschungsergebnisse anderer sowie auf eigene Beobachtungen in andern Vulkangebieten. Vor allem möchte ich auf die grundlegenden Arbeiten hinweisen, welche in den letzten Jahren von den Forschern des geophysikalischen Laboratoriums in Washington durchgeführt wurden (*Shepherd*, *Day*, *Allen* und *Zies*). Außerdem habe ich die Grundzüge meiner Klassifikation unter Berücksichtigung der mehr theoretischen Gesichtspunkte bereits dem 17. internationalen Geologenkongreß 1937 vorgelegt. Ich kann deshalb auf die dortige Publikation verweisen, um unnötige Wiederholungen zu vermeiden, und gebe nachstehend nur eine kurze Einführung zu den Hauptgesichtspunkten des Systems.

Bei den solfathermalen Erscheinungen (solfathermal = Zusammenziehung der Begriffe Solfataren—Thermen) spielt das Wasser eine Hauptrolle. In erster Linie fällt auf, ob das Begleitwasser dampfförmig, kochend oder nicht kochend vorhanden ist. Trotzdem ist dies jedoch nicht allein bestimmend für den Charakter. Sehr wichtig sind auch die Gase, welche das Wasser begleiten, obwohl sie prozentual gegenüber dem Wasser eine sehr geringe Rolle spielen. Die chemisch-aktiven Bestandteile dieser Gasphase bestimmen nämlich Geruchsempfindungen, chemische Absätze mit auffälligen Färbungen und anderes mehr, so daß nicht nur der Wissenschaftler, sondern auch der Laie sofort das Bedürfnis erkennt, die verschiedenen Solfathermen auch nach chemischen Gesichtspunkten einzuteilen.

Man hat schon lange erkannt, daß die magmatischen Exhalationen sich mit fortschreitender Distanz vom Herde ändern müssen, wegen zunehmender Abkühlung und chemischen Veränderungen infolge des Temperaturabfalles und der chemischen Reaktionen, welche zwischen der Gasphase und den durchströmten Schichten sich abspielen. Man glaubte, daß zwischen Temperaturverhältnissen und Chemismus eine gewisse Parallelität der Veränderungen bestehe, so daß eine Klassifikation nach Temperaturverhältnissen implizite eine ungefähre chemische Klassifikation ergäbe. In Wirklichkeit ist jedoch diese Beziehung nur sehr lose, so daß es unmöglich ist, mit einem so einfachen Schema durchzukommen. Diesen Verhältnissen Rechnung tragend, habe ich eine Klassifikation aufgestellt, welche einerseits auf den Aggregatzustand des Wassers abstellt und anderseits unabhängig von diesen temperaturbedingten Zuständen chemische Typenbezeichnungen vorsieht.

Die phänomenologische Hauptunterteilung unterscheidet entsprechend den verschiedenen Aggregatzuständen des Wassers die folgenden drei Hauptphasen:

vaporides Stadium

Kondensationsstadium

kondensiertes Stadium.

Ich muß ausdrücklich betonen, daß damit kein strenges Temperaturprinzip eingeführt wird, auch dann nicht, wenn auf den oberflächlichen Befund abgestellt wird. Zwar ist der Siedepunkt des Wassers selbst bei verschiedenen Höhenlagen nicht sehr variabel; trotzdem umfaßt das Kondensationsstadium eine ziemliche Temperaturspanne, weil die oberflächlichen Erscheinungen infolge der großen Beweglichkeit des Wassers und des Dampfes von den Zuständen weitgehend beeinflußt werden, welche in zwanzig, fünfzig, ja vielleicht noch mehr Metern Tiefe herrschen. Diese tieferen Wasserdampfmassen, welche infolge des stark steigenden Tiefendruckes bei wesentlich höheren Temperaturen Kondensationszustände erlauben, können alternierend oder auch konstant Reaktionen haben, die nach der Oberfläche ausstrahlen, so daß es ein illusorisches Bemühen ist, den Kondensationsbereich scharf durch die Temperatur zu definieren, welche oberflächlich das Sieden bestimmt. Ein paar Beispiele belegen ohne weiteres diese Folgerungen. So kann man beim Großen Geysir in Island oberflächliche Abflußtemperaturen von 75—80° messen, während das in die Tiefe seines Zentralschlotes versenkte Thermometer Temperaturen von weit über 110° registriert. Diese hohen Tiefentemperaturen können bekanntlich Kochprozesse auslösen, welche den Geysir zur Eruption bringen. Die normale Abflußtemperatur von 75—80° berechtigt deshalb keineswegs, den Geysir den Thermen, das heißt also dem kondensierten Stadium zuzuzählen.

Betreffs der Abgrenzung des Kondensationsstadiums gegen das vaporide Stadium könnte man allenfalls den Standpunkt vertreten, daß die genaue Grenze zwischen überhitztem und nassem Wasserdampf gezogen werden muß. Physikalische Erwägungen sprechen dafür, daß überhitzter Wasserdampf größtenteils magmatisch sein muß, während man das gleiche von nassem Wasserdampf mit weniger Sicherheit annehmen darf. Es ist jedoch offensichtlich, daß es mehr oder weniger vom Zufall abhängt, und speziell auch von der Wasserführung der oberflächlichen Schichten, wenn an einer Stelle nasser Dampf ausströmt und gleich daneben deutlich überhitzter. Ich halte es deshalb für gegeben, die Übergangsstadien, welche sich als zischende Dampfquellen annähernd im Kondensationsstadium präsentieren, unter dem Begriff Soffionen zusammenzufassen. Der Name Soffione ist zwar ein Lokalname aus der Toskana, wird aber dort vielfach gerade zur Bezeichnung von solchen Dampfquellen verwendet (soffiare = blasen).

Die N a m e n g e b u n g verursacht überhaupt einige Schwierigkeiten, indem die bisherigen Bezeichnungen natürlich nicht auf die neu vorgeschlagenen Definitionen Rücksicht nehmen, die Einführung gänzlich neuer Bezeichnungen aber auch nicht erwünscht ist. Ich habe mich aber nach Möglichkeit an bekannte Benennungen gehalten. Für die Kennzeichnung des typisch vaporiden Stadiums schlage ich den Ausdruck Fumarole vor. Als Fumarolen hat man bisher häufig einfach Rauchfahnen bezeichnet, gleichgültig, wie der Austritt beschaffen war. Immerhin macht sich schon in der bisherigen Literatur die Tendenz geltend, den Begriff Fumarole mehr auf die rein dampfförmigen Vorkommnisse zu beschränken, welche meist auch aktivere Substanzen, wie HCl und HF mitenthalten.

Für das Kondensationsstadium schlage ich generell den Begriff Hvere vor. (Hvere: ausgesprochen wie geschrieben, oder auch Quere.) Es ist die isländische Bezeichnung, welche hauptsächlich für Kochquellen angewandt wird, d. h. Quellen, wo merkliche Wassermengen zu sehen sind. Der Name bedeutet eigentlich Kessel, was vermutlich daher kommt, daß die Wassermassen rundliche Vertiefungen im Boden schaffen, in welchen das Wasser wie in Kesseln kocht. Der Ausdruck Hvere ist im internationalen Sprachgebrauch zwar wenig bekannt, dürfte aber für die Bezeichnung des Kondensationsstadiums gerechtfertigt sein, weil die allermeisten isländischen Hvere dieser Definition genügen.

Sehr weit verbreitet ist in der Literatur der Begriff Solfatara. Da damit ein chemischer Begriff (Schwefel) verknüpft ist, scheint es nicht ohne weiteres richtig, den Namen Solfatara in die vorgeschlagene Klassifikation einzubeziehen. Es ist aber eine Tatsache, daß die typischen Solfataren, soweit es sich nicht in einigen Fällen um Fumarolen handelt, eine wohldefinierbare Untergruppe des Kondensations- oder Hverstadiums darstellen, nämlich diejenigen Vorkommnisse, welche infolge Niederschlags- und Drainierungsverhältnissen relativ trocken sind. Sobald unter solchen Bedingungen der nicht kondensierbare Gasanteil merkliche Quantitäten H_2S enthält, bilden sich auffällige Sulfat- und Schwefelabsätze, d. h. Solfataren im eigentlichen Sinne des Wortes. Es scheint mir deshalb berechtigt, den Solfatarabegriff mit gewissen Einschränkungen für eine Untergruppe von Austritten im Kondensationsstadium, welche den Solfataracharakter besonders typisch zeigen, anzuwenden. Damit ist gesagt, daß von dem, was bisher als Solfataren bezeichnet wurde, gewisse Vorkommnisse abgetrennt werden, sei es, daß man sie nun mit dem neuen Begriff Acihver (siehe später) belegt, wenn der Solfataracharakter nicht mehr sehr ausgeprägt ist, sei es, daß man sie noch den Fumarolen zurechnet.

C h e m i s c h e   K l a s s i f i k a t i o n. Um auch die chemischen Merkmale klar erfassen zu können, drücke ich den chemischen Zustand durch ein Eigenschaftswort aus, wobei folgende Typen je nach der Gaszusammensetzung ausgeschieden werden: halogensolfatoid, midsolfatoid, subsolfatoid, mofetoid, macalub, laugoid. Diese chemischen Typenausscheidungen ergeben sich aus dem Umstand, daß über die ganze Erde hin in den Solfathermen nur wenige Hauptzusammensetzungen der begleitenden Gase zu beobachten sind.

Definition der Klassifikationsbegriffe.[1]

Auf dem beigegebenen Schema (Fig. 1) habe ich die möglichen Entwicklungen der solfathermalen Erscheinungen nach vorgenannten Prinzipien dargestellt sowie die Zusammenhänge, welche zwischen den einzel-

---

[1] Ich habe nachstehend das 1937 dem Geologenkongreß vorgelegte und begründete Klassifikationssystem leicht abgeändert, was das Kondensationsstadium anbelangt. Die neue Fassung dürfte besser und auch konsequenter sein. Was die chemischen Bezeichnungen betrifft, so glaube ich heute, daß eine Unterscheidung dampfförmiger und kondensierter Zustände beim chemischen Beiwort besser unterbleibt, weil dadurch ein gewisses hypothetisches Moment in die Klassifikation getragen wird und außerdem auch schon die Hauptklassifikation darüber gewisse Anhaltspunkte gibt. Es wurde deshalb die Endsilbe -arid in der nachstehenden Arbeit nicht mehr verwendet, sondern nur noch die Endsilbe -oid.

Klassifikation der solfathermalen Erscheinungen
nach
Aggregatzustand des Wassers

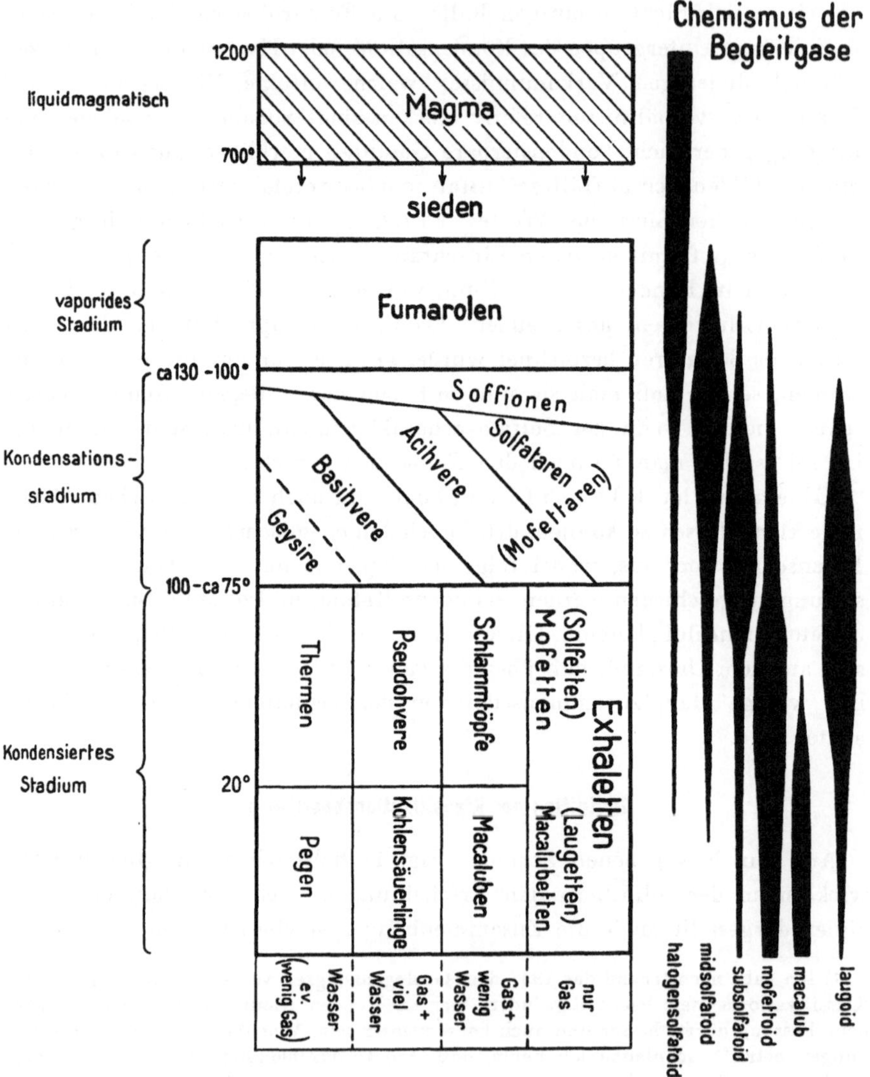

Fig. 1.

nen Entwicklungsstadien existieren. Links findet man die Entwicklungen vom Magma bis zu den gänzlich abgekühlten Stadien, wenn man von oben nach unten fortschreitet. Dadurch werden die Hauptgruppen der Klassifikation bestimmt. Rechts unter « Chemismus der begleitenden Gasphase » ist dargestellt, welche relative Häufigkeit die chemischen Absorptionstypen bei den verschiedenen Abkühlungsstadien ungefähr aufweisen. Ich bespreche vorerst die

KLASSIFIKATION NACH DEM AGGREGATZUSTAND DES WASSERS

Unter vulkanischen Destillationsbedingungen (Niggli 1920), welche für die Solfathermen in vulkanischen Gebieten wohl meistens zutreffen, erfolgt eine Abdestillation der magmatischen Gasphase bei Temperaturen, welche je nach Magma und Tiefenbedingungen von 1200° bis zirka 700° variieren mögen. Wenn diese Destillationsvorgänge relativ oberflächennah erfolgen, zeigen sich dem Beobachter vaporide Exhalationen, d. h. Fumarolen. Bei größerer Herddistanz resp. auch bei starker Abkühlung durch reichliches Oberflächenwasser können sich an der Erdoberfläche nur noch Hvere und Solfataren bilden, resp. die nachfolgenden noch stärker abgekühlten Stadien.

a) *Vaporides Stadium: Fumarolen.*

Die Austritte sind vorwiegend gasförmig (inklusive Wasser). Kondenswasser kann natürlich immer schon in der näheren Umgebung niedergeschlagen sein. Theoretisch sind Fumarolen möglich bis zu zirka 100°. Aus Gründen, die weiter vorn angeführt worden sind, müssen jedoch eventuell, und je nach den vorliegenden Verhältnissen, Vorkommnisse, die noch überhitzten Wasserdampf führen, trotzdem schon dem nachfolgenden Soffionenstadium zugerechnet werden.

Obwohl den Fumarolen ein ziemlich großer Temperaturbereich zukommt und das nachfolgende Kondensationsstadium an einen relativ viel engeren Temperaturbereich geknüpft ist, wird das Fumarolenstadium relativ rasch durchlaufen infolge der großen Abkühlungsmöglichkeiten und der relativ mäßigen Wärmereserve. Das nachfolgende Kondensationsstadium ist sehr viel verbreiteter, weil es über die großen Wärmereserven der Wasserdampfkondensation verfügt (536 Kal.).

b) *Kondensationsstadium: Soffionen, Solfataren, Hvere und Geysire.*

Im Felde trifft man verschiedentlich Dampfquellen, welche unter großem Getöse zutage treten und hauptsächlich nassen, eventuell auch wenig überhitzten Wasserdampf fördern. Es handelt sich um eine Über-

20

gangserscheinung zwischen den Fumarolen und den Hveren, welche ich
weiterhin als Soffionen bezeichne. Soffionen sind oft eng vergesellschaftet
mit den drei Hauptunterabteilungen, in welche sich das Kondensationsstadium einteilen läßt:

> *a)* Solfataren   Soffionen häufig
> *b)* Acihvere   »   »
> *c)* Basihvere   »   selten

Diese drei Untergruppen werden durch die Wasserverhältnisse bestimmt.
Von den Solfataren über die Acihvere zu den Basihveren fortschreitend
tritt das Wasser immer stärker in Erscheinung, was darauf zurückzuführen
ist, daß einesteils die seitliche unterirdische Entwässerung des Austrittes
eine immer schlechtere ist, andernteils aber auch eine immer fortgeschrit-
tenere Kondensation des Wasserdampfes mitspielt.

S o l f a t a r e n. Sie finden sich immer in relativ gut drainierten Verhältnissen, sei es in erhöhter Lage, sei es auf poröser Unterlage aufgebaut.
Abgesehen von Wasserdampf und Kondenswasser, das sich in kleineren
brodelnden Tümpeln und Schlammpfuhlen ansammeln kann, ist im allgemeinen wenig oder kein Wasser vorhanden. Die Solfataren sind gekennzeichnet durch einen sehr geringen Abfluß von Wasser. Dieses Wasser ist
dadurch charakterisiert, daß es oft merkliche Mengen freier Schwefelsäure
neben oft höheren Konzentrationen von wasserlöslichen Sulfaten enthalten
kann. Ferner sind die Solfataren ausgezeichnet durch eine intensive chemische Zersetzung des Bodens und quantitativ oft bedeutende Ablagerungen an Sulfaten, Alaunen und reinem Schwefel, was zu einem bunten
Farbenspiele führt. Wie die Felderabteilung des beiliegenden Diagrammes
zum Ausdruck bringen will, können sich bei gut drainierten Verhältnissen
Solfataren auch noch in relativ fortgeschrittenem Kondensationsstadium
ausbilden.

A c i h v e r e. Sie zeigen in abgeschwächtem Maße noch alle Merkmale
der Solfataren. Die Absätze von Salzen sind geringer, Absätze von reinem
Schwefel fehlen oder treten stark zurück, das Bild wird mehr beherrscht
von zersetztem Schlamm, der häufig eine bläuliche Färbung hat. Der
Wasserabfluß ist manchmal etwas stärker, aber immer noch relativ gering.
Die Reaktion des Wassers kann noch stark sauer sein, im allgemeinen ist
sie aber schwach sauer bis neutral. Die Acihvere führen durchwegs trübes,
schlammiges Wasser von meist bläulicher Tönung. Wenn in begleitenden
Tümpeln gelbliche, milchige Trübungen zu beobachten sind, so ist dies
meist ein Anzeichen dafür, daß die Temperatur unter 100° liegt. Unter
den Acihveren können vereinzelt schon leicht alternierende Kochquellen

mit geringem Wasserabfluß auftreten. Die Abflußverhältnisse sind meist schlechter als bei den Solfataren. Man findet allerdings auch Solfathermen von Acihverhabitus in relativ gut drainierten trockenen Lagen. In solchen Fällen kann man feststellen, daß der H_2S-Gehalt der austretenden Dämpfe bezogen auf das Gesamtdampfvolumen gering ist, daß also ein fortgeschrittener chemischer Absorptionstyp vorliegt.

M o f e t a r e n. Es ist auch noch der Fall möglich, daß H_2S-freie Dämpfe mit viel CO_2 ans Tageslicht treten. Allerdings scheint dieser Fall auf Island nicht vorzukommen und auch sonst sehr selten zu sein. Der einzige Fall einer derartigen Dampfquelle ist meines Wissens im neuseeländischen solfathermalen Gebiet bekanntgeworden (Karapiti).

B a s i h v e r e. Diese heißen Quellen zeichnen sich durch ausgesprochen basische Reaktion des Wassers aus. Mit dem Umschlag von saurer zu basischer Reaktion des Wassers ändert sich das Gesamtbild einer Solfatherme grundlegend. Die trüben Wassertümpel weichen kristallklaren, bei größerer Tiefe oft bläulich gefärbten Becken, in denen Kochprozesse vor sich gehen können. Neben dauernd kochenden alkalischen Wasserbecken können alternierend kochende auftreten oder solche, wo nur noch in der Tiefe sich auflösende Blasen Dampf anzeigen. Eine besondere Gruppe dieser basischen alternierenden Kochquellen bilden die Geysire, welche zeitlich oft sehr weit distanzierte Kochausbrüche haben. Bei den Basihveren verschwinden Salzausblühungen usw. und damit auch das bunte Farbenspiel des Bodens. An deren Stelle tritt Kieselsinterabsatz. Der Wasserabfluß der Basihvere ist merklich bis sehr bedeutend. Neben dem Karbonatradikal findet sich wohl fast immer das Chloridradikal in diesem Wasser stark verbreitet, was auf die Anwesenheit von juvenilem Aszendenzwasser schließen läßt.

Der auffällige Unterschied zwischen alkalischen und sauren Quellen hat dazu geführt, daß die meisten Beobachter grundlegende Unterschiede zwischen den beiden Quelltypen annahmen und deshalb eine Hauptgrenze in klassifikatorischer Hinsicht zwischen Acihveren und Basihveren zogen. Die Verhältnisse in Island zeigen, daß in Wirklichkeit der tatsächliche Unterschied zwischen sauren und basischen Quellen sehr gering sein kann.

Geringfügige Unterschiede in den Abflußverhältnissen bestimmen offenbar in vielen Fällen darüber, ob eine Quelle alkalisch oder sauer die Oberfläche erreicht. Es finden sich in Island, wie auch anderswo, Beispiele von engen Vergesellschaftungen von basischen Quellen mit Acihveren, ja sogar Solfataren, wobei in der Regel die basischen Austritte etwas tiefer liegen als die sauren. Häufig beobachtet man, daß heute saure Quellen inmitten von Kieselsinterablagerungen auftreten, d. h. daß die Quellen vorgängig basisch waren. Die Untersuchungen des Carnegieinstitutes und speziell die Beobachtungen im Yellowstonepark haben zu analogen Ergebnissen geführt.

Diese Verhältnisse, auf deren Ursache ich später eintrete, zeigen, daß es für eine natürliche Klassifikation nicht angebracht ist, in den solfathermalen Erscheinungen eine grundsätzliche Scheidung zwischen alkalischen und sauren Quellen vorzunehmen. Dies kommt in der vorliegenden Klassifikation dadurch zur Geltung, daß der Ausdruck Hver für saure und basische Quellen beibehalten wird. Generell hat man also im Kondensationsstadium einen sukzessiven Übergang von den trockenen sauren Solfataren zu dem mit Wasser am stärksten durchsetzten alkalischen Geysirtyp.

c) *Kondensiertes Stadium: Thermen, Pegen und Exhaletten.*

Nach erfolgter Kondensation des Wassers scheiden sich die Solfathermen in eine wässerige Lösung und eine gasförmige Phase der bei 100° nicht kondensierbaren Stoffe. Gase und Wasser können entweder getrennt oder gemischt auftreten, woraus sich die natürliche Untergruppierung in diesem Stadium ergibt.

E x h a l e t t e n oder Gasquellen (Solfetten, Mofetten, Laugetten, Macalubetten, je nach Gaszusammensetzung) enthalten nur Gase. Sie sind meistens kühl bis kalt. Obwohl sie in vulkanischen Gegenden eine ziemliche Rolle spielen, fallen sie oft nicht auf, so lange sie trocken austreten.

S c h l a m m t ö p f e sind das Stadium, wo viel Gas mit wenig Wasser kombiniert ist. Heiße Schlammtöpfe sind im Bereich der Acihvere in Island weit verbreitet.

P s e u d o h v e r e entstehen, wenn viel Gas und viel Wasser gleichzeitig in einer Quelle auftreten. Es zeigen sich dann scheinbare Kocherscheinungen, weshalb der vorstehende Name gewählt wurde. Das Gas ist meistens Kohlensäure, so daß die Pseudohvere in den kälteren Stadien in Kohlensäuerlinge übergehen, wobei sie den pseudohverartigen Charakter unter Umständen noch beibehalten. In den sogenannten Sprudeln machen sich bei Pseudohveren auch geysirartige Phänomene geltend.

T h e r m e n und P e g e n sind diejenigen Vorkommnisse, welche neben einer wässerigen Phase keine oder nur geringe Gasbestandteile enthalten.

KLASSIFIKATION NACH DEN CHEMISCHEN ABSORPTIONSSTADIEN

Das Zustandekommen der verschiedenen chemischen Absorptionsstadien habe ich in der dem 17. Geologenkongreß vorgelegten Arbeit sehr ausführlich behandelt, so daß ich mich hier auf die kurze Definierung der hauptsächlichen Absorptionsstadien beschränke, welche die magmatischen Destillate in ihrer fortschreitenden Absorptionsevolution durchlaufen.

Halogensolfatoide Phase. Das Gasgemisch, welches aus dem Magma abdestilliert, hat anscheinend immer eine halogensolfatoide Zusammensetzung, d. h. flüchtige F-, Cl-, S-, C- und H-Verbindungen stellen darin volumenprozentische Anteile, welche normalerweise die Größenordnung von mehreren Prozenten am Gesamtgemisch erreichen. Daneben dürfte noch ein geringer meßbarer Anteil an N-Verbindungen vorhanden sein. Der Stickstoff, welcher in späteren Absorptionsstadien in der Regel größere prozentuale Bedeutung erlangt, geht allerdings wohl meistens auf Luftkontamination zurück. Die ursprüngliche Zusammensetzung der halogensolfatoiden Phase mag für verschiedene Magmen wechseln. Diese ursprünglichen Unterschiede werden jedoch durch die einsetzenden Absorptionsveränderungen sehr rasch so stark überschattet, daß die späteren Stadien alle mehr oder weniger gleich sind und Rückschlüsse auf die Zusammensetzung der ursprünglichen magmatischen Gasphase in späteren Absorptionsphasen somit illusorisch werden.

Zuerst und am raschesten werden die flüchtigen Halogene absorbiert, so daß das nächste Stadium eine solfatoide Zusammensetzung hat, d. h. es spielen flüchtige Verbindungen der Elemente S, C, H, N die Hauptrolle. Die Bezeichnung solfatoid für diese folgende Absorptionsphase ist gerechtfertigt, trotzdem die S-Verbindungen dabei nicht durchweg den dominierenden Bestandteil bilden, weil die S-Verbindungen chemisch am aktivsten sind und dadurch das chemische Verhalten der Gasphase in erster Linie bestimmen. Die chemische Aktivität führt dazu, daß in dieser Phase normalerweise die S-Verbindungen rasch verschwinden, während die restlichen Gase sich noch weitgehend erhalten. Es ist zweckmäßig, je nach der Wichtigkeit der S-Verbindungen (normalerweise als H_2S auftretend), die solfatoiden Absorptionsphasen wie folgt zu unterteilen:

Midsolfatoide Phase. In wenig gereiften Stadien kann der Schwefelwasserstoff mehr als 50 Volumenprozent erreichen. Daneben spielt CO_2 eine beinahe ebenso wichtige Rolle. Die C-, H- und N-Verbindungen sind volumenprozentisch relativ noch unwichtig. Bei fortschreitender Absorption sinkt sukzessive der H_2S-Gehalt, während die andern Gase (vor allem CO_2), die erhalten bleiben, eine immer größere Rolle spielen.

Subsolfatoide Phase. Als zweckmäßige obere Grenze dieser Phase kann der Zustand angesehen werden, in welchem der volumenprozentische H_2S-Gehalt unter zirka $^1/_3$ des Gehalts an C-Verbindungen sinkt. Es sind in dieser Entwicklungsphase roh mit zirka 10 % H_2S-, zirka 80 % CO_2- und zirka 10 % CH- und N-Verbindungen zu rechnen. Die subsolfatoide

Phase reicht bis zu dem Stadium, in welchem H_2S praktisch aus dem Gasgemisch verschwindet. Dann beginnt die

m o f e t o i d e P h a s e. Bei Verschwinden von Schwefelwasserstoff kann sich CO_2 bis über 95—99 % angereichert haben. Andere Gastypen enthalten neben CO_2 oft noch merkliche Prozentsätze von CH-Verbindungen. Bei den nun einsetzenden CO_2-Absorptionen können solche CH-reiche Typen schließlich zu Stadien führen, wo die CH-Verbindungen neben merklichen N_2-Resten dominieren. Diese Endentwicklung habe ich als m a c a l u b e P h a s e bezeichnet.

Die Gasanalysen der Solfathermen zeigen, daß auch viel radikalere Endabsorptionen auftreten, wobei schon vom mid-subsolfatoiden Stadium an radikale Absorptionen alle Restgase bis auf N_2 zerstören. Solche Quellen, welche nur noch spärliche N_2-Gase aufweisen, sind auf Island besonders häufig. Ich bezeichne deshalb nach isländischem Sprachgebrauch diese Endphase als l a u g o i d (von laug $=$ warmes Bad). Näheres über die Ursachen dieser verschiedenen Absorptionswege wird sich aus den späteren Ausführungen ergeben.

Das beigegebene Schema (Fig. 1) orientiert allgemein (nicht nur für Island) darüber, wie sich die chemischen Absorptionstypen über die verschiedenen Aggregatzustände statistisch verteilen (Dicke der Balken). Man sieht aus der Zeichnung, daß sich die verschiedensten chemischen Absorptionsstadien im Kondensationsstadium befinden können. Generell läßt sich sagen, daß halogensolfatoide Phasen in der Regel an das Fumarolenstadium geknüpft sind, weil die aktiven Halogensäuren im heißen Kondensatwasser wohl sehr rasch abgebunden werden. In extremen Fällen, wo halogensolfatoide Destillate durch einbrechende kalte Oberflächenwasser abgeschreckt werden, können ausnahmsweise jedoch sogar halogensolfatoide Thermen (mit freier HCl, H_2SO_4) entstehen. [2] Solfatoide Thermen sind schon weit verbreitet. Im Kondensationsstadium herrschen im allgemeinen die solfatoiden Typen vor. Mofettoide Typen sind im Kondensationsstadium noch selten bekannt geworden. Sie dominieren im kondensierten Stadium. Daneben treten in dieser Phase auch macalube Typen auf.

---

[2] Rio Vinagre, Kolumbien.

C. Detaillierte Beschreibung der Solfathermen von Südwestisland.

Zur Einführung.

Der nachfolgende Quellenkatalog stellt auf die geographische Verteilung der solfathermalen Austritte ab. Ein genereller Überblick zeigt, daß die Quellen nicht zufällig über das ganze Gebiet verteilt sind, sondern daß sich natürliche Gruppierungstendenzen geltend machen. Gewisse Gebiete enthalten keine Solfathermen, andere sind sehr reich an solchen Erscheinungen. Quellen-Einzelgänger außerhalb der Großgruppierungen sind selten. Diese Umstände dienen als Grundlage für die nachfolgende Beschreibung.

Die großen quellenreichen Zonen bezeichne ich als A r e a l e und unterscheide dann innerhalb dieser Areale entsprechend den natürlichen Verhältnissen Einzelgruppen. Sofern die Einzelgruppen besonders viele Quellen enthalten und eine gewisse Fläche bedecken, spreche ich anstatt von Gruppen von Feldern. Letztere können einige hundert Meter im Geviert haben. Zwischen F e l d e r n und G r u p p e n dürfte kein prinzipieller Unterschied bestehen, abgesehen davon, daß vermutlich in den Feldern intensivere Aufstiege ausmünden, die sich oberflächlich verzweigen.

Die D e t a i l a u s t r i t t e sind oft sehr vielgestaltig. Eine Gruppe kann wiederum Untergruppen enthalten. Gruppen und Untergruppen zählen oft sehr viele individuelle Austrittslöcher. Man kann dabei als Regel aufstellen, daß Solfataren und Acihvere besonders zahlreiche Einzellöcher enthalten, offenbar wegen der großen Beweglichkeit der Dampfphase, während bei den Basihveren und Thermen sich die Einzelaustritte pro Gruppe reduzieren.

Es war nicht möglich, mit dieser Arbeit auch die Detailkarten und Lokalskizzen zu veröffentlichen, welche zuhanden des Expeditionsarchivs angefertigt wurden. Es dürfte aber leicht sein, an Hand der Nummern und der beigelegten Übersichtskarte von SW-Island (Tafel XI) sich Rechenschaft zu geben, wo ungefähr die Quellen zu suchen sind. Im Gelände wird man die Namen und Quellen leicht an Hand der dänischen Karte 1 : 50,000 auffinden, da sie mit wenigen Ausnahmen eingetragen sind.

Im nachstehenden Katalog sind die Quellen nach Assoziationsarealen geordnet. Einzelgruppen wurden dort angeschlossen, wo sie nach Charakter und Lage am besten hinpassen. An die Spitze des Kataloges wurde das Areal von Hengill gestellt, weil hier die meisten der auf Island vorkommenden Quelltypen vereinigt sind. Die übrigen Areale folgen geordnet nach zunehmender Absorptionsreife. Die Areale wurden mit den römischen Zahlen I—VIII numeriert, die Quellgruppen der einzelnen Areale erhielten arabische Nummern separat für jedes Areal. Die Nummer VII/3 bedeutet also die Quelle Nr. 3 (Breidholtslaugar) im Areal VII (Reykjavik).

Es mußte auf den Besuch einiger zu abgelegener Quellen verzichtet werden, um bei der großen Gruppenzahl mit der relativ kurzen Feldarbeitszeit durchzukommen. Bei einigen Quellen hatten wir beim Besuch nicht das Instrumentarium zur Gasprobe zur Verfügung, so daß manchmal eine gewisse Unsicherheit betreffs der genauen Zuordnung bestehen mag. Da jedoch die zahlreichen Besuche uns sehr viele Vergleichskriterien gegeben haben, wurde in der beigegebenen Quellenkarte der Versuch gemacht, sämtliche Austritte genau zu klassifizieren. Es wird damit ein Bild vermittelt, welches zur Hauptsache zweifellos zutrifft. Derjenige, welcher sich spezieller für einzelne Quellen interessiert, wird an Hand der Textangaben leicht herausfinden, inwiefern die gemachten Angaben auf präzisen Untersuchungen oder auf Interpolation beruhen. Besondere Schwierigkeiten bereiten natürlich die Grenzfälle, z. B. Scheidung von Acihveren und Solfataren oder die Scheidung von mid- und subsolfatoiden Zuständen, wenn die Vorkommnisse, wie im Hengillgebirge, an der Grenze liegen. Um hier genauere Angaben zu machen, müßte man eingehendere Laboratoriumsanalysen haben.

I. Das Solfathermalareal von Hengill.

Das Hengillgebirge ist von Solfathermalaustritten übersät, welche vermutlich mit nach NW orientierten torsionellen Effekten zusammenhängen (siehe tektonischer Teil). Wenn man die einigermaßen individuell abgegrenzten Gruppen oder Felder als Einheit zählt, erhält man total zirka 50 Quellgruppen. Die Quelleintragungen auf der dänischen Generalstabskarte sind nicht vollständig. Inwiefern Unvollständigkeiten der Aufnahme vorliegen oder inwiefern es sich um Neubildungen handelt, war nicht immer zu entscheiden. Jedenfalls ist gerade aus dieser Gegend bekannt, daß neue Austrittsstellen sich geöffnet haben. Im Sommer 1936 entstand, wenige Tage vor unserer Ankunft, in der Schafhürde SW der Straße im SW von Hveragerdi ein kleiner unbedeutender Dampfaustritt (Nr. 50). Die Solfatara zirka 400 m nördlich des Gehöftes Reykjakot entstand plötzlich in den letzten Jahren (Nr. 40). Heute bildet der Austritt eine nicht mehr übermäßig starke Dampfquelle. Unmittelbar nach dem Ausbruch, im Winter 1934/35, war das Zischen und Sausen der Dämpfe weithin vernehmbar. Auch Nr. 33 im Groendalsá dürfte sicher jung sein, da *Thorkelsson* bei seiner Beschreibung von Nr. 34 dieses Vorkommnis nicht erwähnt. Über weitere derartige Neuentstehungen vergleiche die Ausführungen von *Thoroddsen* (1925).

Inwiefern Spalten und Klüfte die einzelnen Austritte bestimmen, kann man im Felde nicht immer mit Sicherheit festlegen. Aufreihungen nach bestimmten Richtungen kommen immerhin da und dort vor, besonders nach NE. *Thorkelsson* (1930) weist darauf hin, daß die Austrittspunkte in der Nähe von Hveragerdi Aufreihungen nach NNE-Spalten zeigen.

Das Hengillgebirge ist wohl auf der Erde ein ziemlich einzigartiges Solfathermalareal, weil in ihm eine so große Anzahl von verschiedenen Quelltypen auftritt. Ich mache darüber und über die besonders bemer·kenswerten Vorkommnisse vorerst einige generelle Angaben.

Die stärkste Soffione ist Nr. 4 (Bild 2, Tafel II) im Instidalur. Erwähnenswert sind weiter Nrn. 10 (Bild 3, Tafel II), 27 und 33. Ausgesprochene Solfatarenfelder mit reichlichen Salz- und Schwefelabsätzen sind nicht zu finden. Die solfataraartigen Vorkommnisse nähern sich dem Acihvertypus. Dies hängt damit zusammen, daß das Gebiet sehr niederschlagsreich ist. In bezug auf Intensität der Austritte dürften die Nummern 9, 10 und 11 zu erwähnen sein, ebenso das Solfataren-Hverfeld von Hverakjálkar Nr. 30.

Basihvere, Kochquellen, Sprudelquellen und Geysire finden sich nur im tieferen Teil der Zone, d. h. im Bereiche von Hveragerdi. Gryla ist ein kleiner Geysir, der zirka alle zwei Stunden einen Dampfwasserstrahl bis zu 30 m Höhe auswirft. Regelmäßig tätig war bei unserer Anwesenheit auch der bei Erdarbeiten geschaffene Geysir Bogi II, welcher in Abständen von ein bis zwei Stunden sein Wasser 4—6 m hoch auswarf. Die Quelle Swadi Nr. 44 (Bild 4, Tafel III) ist sicher eine der schönsten alternierenden Kochquellen Islands. Schöne Eruptionen zeigen einen wasserreichen Sprudel von 4—6 m Höhe.

Von den Pseudohveren wären speziell die Quellen im obern Reykjadalur zu erwähnen, welche durch ihren bedeutenden Abfluß den dortigen Bach auf zirka 40° aufwärmen (Nr. 28). Sie zeigen Kalksinterbildungen (Bilder 5, 6, Tafel III).

Detaillierte Quellenliste.

Nr. 1 Hveralid. Midsolfatoider Acihver. Kleinere Dampfbläser. Analyse Thorkelsson 1928. Stärkerer Austritt.

Nr. 2 Hveradalir. Schwach midsolfatoider Acihver. Analyse Thorkelsson 1928. Saure und basische Austrittsstellen. Mäßige Intensität.

Nr. 3 Sleggjubeinsdalur. Unbedeutende Kleinsolfatara.

Nr. 4 **Instidalur** (Bild 2). Stärkste Soffione von SW-Island unter einem Felsblock hervortretend. Die dem Austritt benachbarten Felsecken sind durch die Gebläsewirkung abgeschliffen worden. Die gemessene Dampfgeschwindigkeit war 80 m/Sek. Geschätzte Dampfproduktion 4—5 Tonnen pro Stunde. Die Laboratoriumsprobe der Gase ist leider auf dem Transport zerbrochen. Nach der Probeanalyse im Felde ist der Austritt midsolfatoid (zirka 17 % H_2S, 65 % CO_2, Sauerstoff 0 %, 18 % brennbare Restgase). Die Bestimmung des Wasserdampfgehaltes ergab 99 % H_2O. In der Schlucht unterhalb der Dampfquelle finden sich weitere Austritte von Acihver-Habitus. Diese Dampfquelle sitzt deutlich auf der Fortsetzung einer NE-streichenden Spalte, welche nach SW hin den gegenüberliegenden Berg durchquert hat, unter gelegentlicher Lavaförderung. Es handelt sich vermutlich um die gleiche Spalte, welche bei Hellisskard die großen Lavamassen von Hellisheidi gefördert hat. Die Spalte ist postglazial. Im Instidalur hat die magmatische Eruption den Fluß abgedämmt, welcher oberhalb dieser Stelle einen Schwemmboden ansetzte. Diese Abdämmung, hauptsächlich aus Schlacken gebildet, ist heute aber bereits durchsägt, so daß die Anschwemmungsterrassen wieder erodiert werden. Die Vulkanspalte muß also immerhin schon ein gewisses Alter haben.

Nr. 5 **Pveráquellen**. Exhaletten, die bereits erkaltet sind. Die Gesteinszersetzung zeugt für einen früheren Acihver. Im Bachbett kann man Gasaustritte beobachten. Kein H_2S-Geruch. Vermutlich handelt es sich um Mofetten.

Nr. 6 **NE-Flanke Hengill**. Mittelstarke, vermutlich midsolfatoide Solfatara bis Acihvere.

Nr. 7 **Nesjavellir**. Unbedeutende Schlammtöpfe, vermutlich subsolfatoider Natur in der Nähe der dortigen postglazialen Lava.

Nr. 8 **Nesjalaugar**. Bedeutende, auf der dänischen Karte nicht angegebene Gruppe von Acihveren. Eine größere fast neutrale Untergruppe hat einen Abfluß von 2 bis 3 l/Sek. Vermutlich schwach midsolfatoid. Brennbare Restgase. Schöne Schlammtöpfe.

Nrn. 9, 10 und 11 **Koldulaugargil** (Bild 3, Tafel II). Drei Solfataren-Acihvergruppen von sehr bedeutender Intensität. Der unterste Austritt in der Koldulaugargil ist sehr ausgebreitet, mit vielen Rauchfahnen, solfatarischen Ablagerungen usw. Bei den oberen zwei Austritten zeigen sich stärkere Dampfquellen.

N r. 12 H e n g i l l E. Mehr oder weniger zusammenhängende Gruppe von intensiveren Austritten mit Wasserbecken, großen Schlammpfuhlen usw. Nach Probeanalyse schwach midsolfatoid mit größerem Bestand an brennbaren Restgasen. In der Mitte dieser Gruppe liegt in etwas erhöhter Lage ein Kohlensäurepseudohver, der eine Kalksinterterrasse aufgeschüttet hat. Gasanalyse Nr. 8. Temperatur 67°. Das Wasser reagiert nicht auf H_2S. Stärkerer Abfluß. Besonderes Interesse bietet der Umstand, daß an diesen mofetoiden Kohlensäurehver anstoßend in zirka 3—4 m Distanz ein schwach midsolfatoider Acihver liegt.

Thorkelsson (1910) hat die gleiche Gegend 1906 besucht. Nach seiner Beschreibung und seinen Photographien zu schließen, ist der heutige Zustand dem damaligen durchaus ähnlich. *Thorkelsson* publizierte vier Analysen, welche von den Quellen 8, 10 und 13 zu stammen scheinen. Diese Analysen geben schwach midsolfatoiden Chemismus mit einem großen Anteil an brennbaren Gasen, also ein Resultat, das mit unseren Feldanalysen gut harmoniert.

N r. 13 H r ó m u n d a r t i n d u r. Größere Gruppe von Acihveren. Schlammpfuhle und leicht alkalischer Hver, vermutlich subsolfatoid.

N r. 14 A u s g a n g P v e r á s c h l u c h t. Kleinsolfatara (midsolfatoid ?).

N r. 15 B i t r a. Nicht besucht. Vermutlich Kleinsolfatara.

N r. 16 und 17 P v e r a d a l u r. Mittelstarke Gruppen von Acihveren nach NE aufgereiht. Der untere Austritt ist stärker. Zwischen den beiden Hauptgruppen unbedeutende Vorkommnisse.

N r. 18 F r e m s t i d a l u r. Kleinere Solfatara in etwas erhöhter Lage über dem Tal. Anscheinend schwach midsolfatoid.

N r. 19 F r e m s t i d a l u r. Saurer Teich mit Schlammtöpfen (Subsolfatoid?).

N r. 20 F r e m s t i d a l u r. Unbedeutende Gruppe von Acihveren und alkalischen Thermen von 50°. Acihvere (subsolfatoid?).

N r. 21 M i d d a l u r. Im Bachbett kleiner mofetoider Pseudohver. Daraus wurde Gasprobe Nr. 7 genommen. In der Nähe gegen E lauwarme Therme sowie kleiner Hver.

N r. 22 M i d d a l u r - I n s t i d a l u r. Am linksseitigen Talhang im Hengladalur entspringt in ziemlicher Höhe ein zirka 23° warmer Kohlensäuerling, der am Abhang eine Kalksinterterrasse mit Eisenockerabsätzen aufgebaut hat. Wasseranalyse Nr. 10. Abfluß 1,8 l/Sek. Es ist dies der bedeutendste Kohlensäuerling des Hengillgebirges, den wir finden konnten.

Nrn. 23 und 24 Tjarnahnúkur. Gruppe von sub-midsolfatoiden Acihveren mit teilweise schönen und großen Schlammtöpfen.

Nr. 25 Oelkelduhnúkur. Gruppe von Acihveren sub- bis eventuell midsolfatoider Natur. In der Nähe sollen früher auch Kohlensäuerlinge vorgekommen sein (Name!). Wir konnten jedoch nur in einem abgestorbenen Acihver etwas kohlensäurehaltiges Oberflächenwasser finden.

Nr. 26 Oelkelduhnúkur W. Acivher (sub- bis midsolfatoid?).

Nr. 27 Oberstes Reykjadalur. In einem seltsamen Talkessel gelegene midsolfatoide Solfatara (bis Acihver). Das Vorkommnis enthält eine Dampfquelle mit einem Wasserdampfgehalt von über 99 %. Die Probeanalyse ergab H_2S zirka 11 %, CO_2 81 %, Restgase 8 %.

Nr. 28 Oberes Reykjadalur. Sehr bedeutender mofetoider Pseudohver. Eine ganze Anzahl von Quellstellen fördern klares, 60—67° warmes Wasser. Der Bach unterhalb der Quellen, welcher oberhalb kaltes Wasser führt, hat einen Abfluß von zirka 125 l/Sek. und eine Temperatur von gegen 40°, d. h. zirka zwei Drittel dieser Menge stammen aus den Quellen. Dieser heiße Bach entwickelt bei kühleren Lufttemperaturen viel Dämpfe, wovon vermutlich die Bezeichnung Reykjadalur = Rauchtal kommt. Die einzelnen Quellstellen brodeln von den zahlreich aufsteigenden Gasblasen (Gasanalyse Nr. 6). Sie führen vielfach mehrere Sekundenliter Wasser und haben stellenweise rötliche Kalksinterkegel aufgebaut (Bilder 5, 6, Tafel III, Wasseranalyse Nr. 9). Diese Gruppe ist nur 300—400 m von Nr. 27 entfernt.

Nr. 29 Reykjadalur. Zwei wenig bedeutende Gruppen von Schlammtöpfen, vermutlich subsolfatoider Natur.

Nr. 30 Hverakjalkar. Bedeutendes mid-subsolfatoides Acihverfeld. In den tieferen Lagen kommen auch untergeordnet basische Austritte vor. Die Bergflanke nach N oberhalb des Baches ist von einer großen Zahl von Einzelaustritten übersät. Stellenweise ziemliche Dampfentwicklung. Hier wie auch an vielen andern heißen Quellen des Hengillgebirges fällt im Bachbett die reiche Algenvegetation auf. Diese Algen scheinen bis gegen 70° heißes Wasser vertragen zu können.

Nr. 31 Groendalur. Gruppe von Kleinsolfataren und Acihveren, vermutlich mid-subsolfatoid.

N r. 32   G r o e n d a l s á. Acihver bis Solfatara am Bergabhang. Stärkerer Dampfaustritt; in den untern Teilen auch alkalische Austritte.

N r. 33   G r o e n d a l s á. Sehr intensive Soffione, welche nahe am Bach am Steilufer unter starkem Getöse hervortritt. In der Umgebung sind keine stärkeren Zersetzungserscheinungen beobachtbar (Gasanalyse Nr. 2). Wasserdampfgehalt 99,56 %.

N r. 34   H v e r a m ó a h v e r, G r o e n d a l s á. Acihvere mit Soffione. Zwei Austrittsgruppen von stärkerer Intensität. Nach der Analyse von *Thorkelsson* (1930) ist der Austritt subsolfatoid.

N r. 35   A u f s t i e g   z u m   R e y k j a d a l u r. Nicht besucht. Vermutlich Kleinsolfatara am Bergkamm.

N r. 36   G r o e n d a l u r. Absterbende Solfatara am Berghang.

N r. 37   S e l f j a l l. Abgestorben.

N r n. 38   u n d 39   S e l f j a l l. Solfataraartige bis acivherartige Vorkommnisse, vermutlich sub- bis midsolfatoider Natur.

N r. 40   R e y k j a k o t. Neuer Hver bis Solfatara oberhalb des Gehöftes, ziemlich intensiv. Wasserdampfgehalt zirka 99,6 %. Chemismus schwach midsolfatoid.

N r. 41   H o f m a n n a f l ö t   R e y k j a k o t. Kleinere Quellgruppe, deshalb interessant, weil bergwärts ein kleiner, vermutlich subsolfatoider Schlammtopf liegt (sauer). Etwas unterhalb tritt eine kleine alkalische Quelle von 71° mit merklichem Abfluß und Sinterbildungen aus. In der Nähe finden sich alkalische Quellen von 34° mit 2 l/Sek. Abfluß.

N r. 42   R e y k j a k o t. Größere laugoide Therme bis Hver. Kein Sieden beobachtbar, aber nahe Siedetemperatur. Der Abfluß des tiefen Teiches beträgt zirka 2,5 l/Sek. Es zeigt sich ein starker Kieselsinterabsatz. Nach Angaben des Bauern entstand dieser Basihver auch erst vor etwa zwanzig Jahren.

N r n. 43—50   G e b i e t   v o n   H v e r a g e r d i. Subsolfatoid-laugoide Basihvere. Stellenweise, zum Beispiel bei Nr. 49, kann man auch saure Reaktionen beobachten, welche aber stark zurücktreten. Kochquellen, alternierende Kochquellen und Geysire. Wo stärkere Gasentwicklung sich einstellt, wird die Gasphase subsolfatoid. Siehe Gasanalysen *Thorkelsson* (1930). Die Wasseranalyse Nr. 5 und die Gasanalyse Nr. 3 kommen aus der Quellgruppe Nr. 48, und zwar speziell aus der gefaßten Quelle in der Gärtnerei von Herrn S. Sigurdsson. Der Abfluß der alkalischen Quellen ist meist beträchtlich, bis zu einigen l/Sek.

II. Das Solfathermalareal von Krisuvik.

Man kann das eigentliche Areal von Krisuvik unterscheiden und ein Unterareal Trölladyngja, welches etwas abseits liegt. Die thermale Aktivität ist nur im Areal von Krisuvik bedeutend. Hier lagen im Mittelalter Schwefelminen, deren Abbau aber schon lange wegen Ertragslosigkeit aufgegeben wurde. Im Werke von *Olavius* (1787) befindet sich eine Beschreibung von *Ole Henchels*, welcher 1775 die Gegend besuchte. Nach seiner, allerdings sehr schlechten, Karte lagen damals die besten Schwefelminen im Sattel W P. 311 (Nr. 3). Diese Stelle ist auch heute noch die ausgesprochenste Solfatara von SW-Island. Die nächstwichtigste Mine lag südlich P. 311, wo sich heute noch ein halb erloschenes Solfatarenfeld von größerer Ausdehnung findet. Die drittwichtigste Mine lag bei der Gruppe von Seltun. *Henchels* gibt an, daß damals die Temperaturen nirgends 100° überschritten; es scheint also, daß sich an den ganzen Verhältnissen seither nicht viel geändert hat. Eingehendere Untersuchungen erfolgten später durch *Bunsen*.

Eine wichtige Veränderung hat sich insofern ereignet, als in den zwanziger Jahren während eines Erdbebens sich zirka 2,5 km NE von Stori Nyibaer unter explosiven Erscheinungen eine neue Solfathermalstelle auftat. Dieser Ort ist heute einer der intensivsten Austritte von SW-Island und zeigt auch die höchsten beobachtbaren Temperaturen (118°). Erdbeben haben die Gegend von Krisuvik verschiedentlich heimgesucht.

In der ganzen Umgebung sind keine größeren postglazialen Lavamassen ausgebrochen. Die vulkanische Aktivität äußerte sich vor allem in Entgasungsvorgängen, welche zur Bildung der Solfataren und Hvere führten. Manche Solfataren an den Hängen sind bereits abgestorben. Ferner müssen früher von Zeit zu Zeit starke explosive Ausbrüche erfolgt sein. Von solchen Vorgängen zeugen verschiedene Sprengtrichter und Maarseen (Groenavatn, Gestsstadavatn). Das Wasser von Groenavatn hat einen Geschmack nach Sulfaten und füllt einen tiefen Sprengtrichter. Schlacken in den Auswurfswällen am Rande zeugen von den Lavafetzen, die bei der Explosion mitgerissen wurden. Da und dort sind frische Schlacken und kleine Lavaaustritte an den Abhängen des Sveifluháls, westlich und nördlich von Seltun zu beobachten.

Es mag sein, daß die Laven, welche nordöstlich und südwestlich von hier an den Berghängen liegen, zum Teil während der Dislokation des Sveifluháls-Horstes durchgebrochen sind. Da die ganze Dislokation jung bis postglazial ist, dürften die häufigen Erdbeben in der Gegend Nachläufer dieser Dislokationsbewegungen sein. Das Auftreten von Lava scheint anzuzeigen, daß das Magma, welches die Solfataren und Hvere der Gegend nährt, nicht in sehr großer Tiefe liegt.

1. Der Nyi Hver (Neuer Hver).

Dieses Solfathermalfeld junger Entstehung streckt sich nach NNE und hat eine Länge von zirka 400 m. Als Gesamtheit kann man das Feld den midsolfatoiden Acihveren zuordnen. Die thermale Hauptintensität findet sich am höher gelegenen S-Ende. Hier brechen unter großem Getöse aus verschiedenen Klüften Soffionen zutage. Die zentraleren Dampfquellen waren nicht zugänglich. An einer Dampfquelle am östlichen Rand haben wir eine Temperatur von 118° gemessen. Die Förderung der Dampfquellen kann nicht näher geschätzt werden, dürfte aber verschiedene Tonnen Dampf pro Stunde betragen und total die Förderung der Soffione I/4 noch wesentlich übersteigen. Unmittelbar unterhalb der Soffionen liegt ein großer Hver, d. h. ein Teich, der in ständiger Wallung ist und schwach sauer reagiert. Wasseranalyse Nr. 2. Temperatur am Ufer 93°. Der Ufersand wird aus schwerem Pyritschlamm gebildet. Weiter nach N findet man einen bemerkenswerten Schlammpfuhl (Bild 1, Tafel I, Titelbild), welcher unregelmäßig aber kurzperiodisch den Schlamm 2—3 m hoch auswirft. Besondere Erwähnung verdient ein großer Teich fast am N-Ende des Feldes, dessen Temperatur am Ufer 52° betrug. In der Mitte herrschte beständige Unruhe, wobei von Zeit zu Zeit heißeres Wasser aufstieg. Es scheint, daß hier ein periodischer Sprudel liegen muß. Der schwärzliche Schaum, der auf dem Wasser treibt, war am Ufer so hoch auf den Rand geworfen, daß dies nur durch stärkste Sprudelvorgänge im Teich selbst erklärbar war. Auch in der tiefen Abzugsrinne lag der Schaum sehr hoch an den Rändern, so daß bei diesen Vorgängen ein sehr verstärkter Abfluß bestanden haben muß. Eine Sprudelphase haben wir allerdings nicht selbst beobachten können.

Die zahlreichen übrigen Austrittspunkte sind hauptsächlich Schlammtöpfe und kleinere Hvere. Von diesen Hveren sind viele Pseudohvere, welche eine milchige Trübung enthalten. Derartige Vorkommnisse, allerdings nicht mit sehr starker Gasbildung, hatten Temperaturen von 25 und 27°. Das Wasser von solchen Teichen war stark sauer.

Die Wasserabflüsse sind gering oder fehlen ganz. Einen merklichen Abfluß zeigt nur der große Teich im S, welcher 3,2 l/Min. bei einer Temperatur von 32° liefert. Der erwähnte Sprudelteich im N lieferte, während wir ihn beobachteten, zirka 1 Liter pro Minute (26°).

Die Wasserdampfbestimmung bei der Soffione von 118° ergab nach der Kondensiermethode zirka 99,5 % Wasserdampf, nach der Bestimmung durch Kondensation im Auffangzylinder zirka 99,4 %. Eine Gasprobe gab von dieser Stelle midsolfatoiden Chemismus. Siehe Gasanalyse Nr. 1.

Verschiedentlich wurden die Wasser mit $^1/_{10}$ normaler Lauge titriert. Es zeigte sich, daß in den kleineren Teichen und Becken von pseudohverartigem Charakter 30 cm³ des Wassers mit 0,8—1,1 cm³ dieser Lauge neutralisiert werden konnten. In den milchigen Tümpeln mit Temperaturen von 25° war die Azidität etwa doppelt so groß (1,8 cm³ Lauge).

2. Die Quellgruppe von Seltun.
(Bilder 7, Tafel IV, und 14, Tafel VII.)

Auch diese Gruppe kann den midsolfatoiden Vorkommnissen zugezählt werden. Stellenweise hat sie typischen Solfataracharakter, vielfach aber auch den Charakter eines Acihvers. Das Feld zerfällt in verschiedene Untergruppen. Die hauptsächlichsten Austritte liegen in den drei Untergruppen längs des oberen Bachbettes.

Die Wasserdampfbestimmung einer Soffione ergab zirka 99,45 % Naßdampfgehalt. Der Bach wird beim Durchfließen der Quellstellen sukzessive wärmer und wasserreicher. Neben den zahlreichen sauren Quellen treten da und dort in den vertieften Lagen und längs des Bachbettes wasserreiche basische Quellen zutage. Die starke Wasserzunahme des Baches ist vor allem auf die basischen Quellen zurückzuführen.

Im Bachbett fanden wir eine klare alkalische Quelle unterhalb der dritten Gruppe (81,5°). Sie führt 1,2 l/Min. Wasser. Von dieser Quelle stammt die Wasserprobe Nr. 4, welche zeigt, daß es sich um Tiefenaszendenzwasser handelt (Chlorgehalt). Eine Beeinflussung durch Meerwasser dürfte in diesem Falle nicht in Frage kommen. Der Bikarbonatgehalt zeugt für Kohlensäureabsorption. Die Probeanalyse der Gase ergab annähernd midsolfatoiden Charakter.

Es wurden von verschiedenen Stellen Gasproben genommen und nach der im allgemeinen Teil beschriebenen Methode analysiert. Es ergaben sich folgende Werte, wobei ich nur die stärkst verschiedenen Resultate anführe, da ja diesen Analysen nur eine beschränkte Genauigkeit zukommt:

Austritt	H_2S	CO_2	O_2	N_2 (Restgase)
Soffione	24,5	68,5	0	7
Alkalische Quelle (81,5°)	19	74	0	7
Schlammtopf ca. 200 m E von Soffione	10	77	1	12

Man sieht aus der obigen Zusammenstellung, daß die Absorptionen im abgelegenen Schlammtopf am weitesten fortgeschritten sind.

Was die Azidität der Wasser anbelangt, so ergaben Titrierungen ungefähr ähnliche Resultate wie beim Nyi Hver. Eine Ausnahme bildete ein Wasserbecken, wo 4 cm³ ¹/₁₀ normale Lauge erforderlich waren, um 30 cm³ Wasser zu neutralisieren (also zirka ¹/₁₀₀ normale Säure).

3. Alte Schwefelminen auf Paß westlich P. 311.
(Bilder 8, Tafel IV, und 9, Tafel V.)

Dieser Ort ist heute noch das ausgesprochenste Solfatarenfeld von SW-Island. Der größte Teil des Gebietes ist praktisch unbetretbar, weil der Boden sehr heiß und von abgelagerten Salzen und Wasser zu einem Brei verwandelt ist, in dem man ständig der Gefahr des Einsinkens ausgesetzt ist. Starke Dampfquellen gibt es keine; es gibt aber da und dort zischende Dampfaustritte, welche man als Soffionen bezeichnen kann. Die stärkste erreichbare Soffione (Naßdampf) wurde analysiert und ergab folgendes Resultat:

$$
\left.\begin{array}{ll}
H_2S & 21\ \% \\
CO_2 & 71\ \% \\
O_2 & 0\ \% \\
\text{Restgase} & 8\ \%
\end{array}\right\} \quad \text{(Probeanalyse im Feld)}
$$

Der Wasserdampfgehalt war ungefähr gleich wie bei Seltun.

Eine Probe des Abflußwassers wurde analysiert. Es ist das typischste Sulfatwasser unserer Analysenserie (Wasseranalyse Nr. 1). Im allgemeinen sind alle Quellwasser in diesem Felde mehr oder weniger sauer. Immerhin finden sich nach N etwas tiefer als das Hauptfeld einige schwach basische Austritte. Der Abfluß nach N ist auf der dänischen Karte nicht richtig gezeichnet; er biegt nämlich schon wenig nördlich von P. 311 nach E ab, um bei Seltun die Ebene zu erreichen.

4.—12. Übrige Quellgruppen im Bereiche von Krisuvik.

N r.   4   Teilweise erkaltetes Solfatarenfeld im SE von Nr. 3. Früher vermutlich alte Mine (siehe einleitende Bemerkungen).
N r.   5   Vorkommnis westlich Arnavatn. Acihvere. Mittlere Intensität.
N r.   6   Fuß der Hetta. Acihvere. Mittlere Intensität.
N r.   7   Paß südlich Arnavatn. Acihver. Große schöne Schlammtöpfe.
N r n. 8—11   Kleinsolfataren usw. von geringer Bedeutung.
N r.   12   Azider Hver (?) in der Nähe des SW-Endes von Kleifarvatn.

13.—16. Unterareal von Trölladyngja.

Das Sogtal, welches eine Quersenke in diesem Gebirgsrücken bildet, ist ein weites, abgestorbenes Solfatarenfeld. Soweit unsere Beobachtungen reichen, ist es das größte derartige abgestorbene Feld in SW-Island überhaupt. Nach unseren allerdings flüchtigen Rekognoszierungen scheint alles erstorben bis auf eine Kleinsolfatare linker Hand, wenn man nach W aus der Sogschlucht herauskommt (Nr. 13).

Nr. 14   Sogavher. Beim Ausgang der Schlucht, etwas südwestlich liegen einige Schlammtöpfe subsolfatoider Natur. Davon gibt *Thorkelsson* (1930) folgende Analyse:

$$H_2S \qquad 1,8\ \%$$
$$CO_2 \qquad 89\ \ \%$$
$$O_2 \qquad 0,4\ \%$$
$$H_2 \qquad 0,7\ \%$$
$$Rest\ (N_2 + Ar) \quad 8,1\ \%$$

Nr. 15   NE-Ende der Trölladyngjakette. Es liegen dort beidseitig eines großen Schlackenkraters verschiedene nicht sehr bedeutende Austritte, wobei teilweise nur noch Dämpfe aus den Lavaspalten die Oberfläche erreichen. *Thorkelsson* analysierte von hier hauptsächlich Luft mit etwas Kohlensäure. Es riecht auch etwas nach H_2S.

Nr. 16   Hverinn Eini. Nicht besucht. Nach Mitteilungen von Herrn *Kuthan* dürfte es sich um ein Vorkommnis ähnlich Nr. 15 handeln.

Man sieht, daß als Ganzes die Solfathermalstellen im Bereiche von der Trölladyngjakette ziemlich unbedeutend sind. Es mag hervorgehoben werden, daß die Quellen zum Teil in naher Beziehung zu früheren Spalteneruptionen stehen, so daß hier die Vorstellung der postvulkanischen Nachwirkung eine gewisse Berechtigung hat.

III. Solfathermen der Reykjanes-Halbinsel.

1. Kap Reykjanes.

Nahe beim Leuchtturm liegt ein vereinzeltes Solfathermalfeld von weniger als 500 m im Geviert, welches verschiedene Untergruppen und Einzelaustritte enthält. Die Solfathermen durchbrechen ältere Lava, welche von andern Stellen hergekommen ist. Früher war hier ein Geysir tätig, der jedoch bei unserer Anwesenheit ein mehr oder weniger ständig kochender trüber Tümpel war. Dieser Geysir wurde zuletzt von *Thorkelsson*

(1928, 1930) beschrieben. Sein Wasser enthielt nach der Analyse von *Trausti Olafsson* per Liter:

SO₂	0,36 g
CaCl₂	5,2 g
MgCl₂	0,95 g
NaCl	34,4 g

Thorkelsson hat daraus sicher mit Recht geschlossen, daß es sich um Meerwasser handle, welches in den Spalten eingedrungen sei. Der Chloridgehalt wäre in der Tat für ein vulkanisches Wasser abnorm hoch, wenn man die anderweitigen Vorkommnisse aus Island zum Vergleich heranzieht.

Ferner hat *Thorkelsson* sechs Gasanalysen veröffentlicht, von welchen ich nachstehend einige wiedergebe:

	H_2S	CO_2	O_2	H_2	CH_4	N_2+A
Kleiner Dampfaustritt	2,6	95,6	0,2	0,3		1,3
Dampfquelle	1,9	95,3	0,2	0,4	0	2,2
Schlammpfuhl	1,6	93,8	0,3	0,06	0,14	4,1
Schlammtopf	0	71,3	5,6	0,5	0	22,6

Die vorstehende Analysenserie ist interessant, weil es sich um eine Gaszusammensetzung handelt mit für Island relativ sehr hohem Kohlensäuregehalt. Das Vorkommnis ist subsolfatoid. Einzig die letzte Analyse weist deutlichere Anzeichen von subsolfatoid-laugoiden Erscheinungen auf, welche man in Kombination mit den Geysirphänomenen allfällig erwarten würde.

Meine eigenen Untersuchungen auf Kap Reykjanes waren relativ oberflächlich, da diese Stelle in einem Tagesausflug als erste besucht wurde, um die mitgenommene Apparatur auszuprobieren. Es war beabsichtigt, später noch einmal zurückzukommen, was jedoch leider nicht mehr möglich war. Unsere Hauptaufmerksamkeit galt der stärksten Soffione, Gunna genannt. Eine Wasserdampfbestimmung ergab zirka 99,7 %. Die gemessene Temperatur war 101°. Nach den Angaben von Herrn *Höyer*, dessen Gastfreundschaft und freundliche Hilfe wir genossen, soll diese Dampfquelle früher Temperaturen bis zu 105° gezeigt haben. Die Feldanalyse ergab:

H_2S	19 %
CO_2	76 %
O_2	1 %
Rest	4 %

Sie steht in ziemlichem Gegensatz zu den vorzitierten Analysen von *Thorkelsson*. Obwohl nach unserer Feldmethode sehr leicht zuviel Schwefelwasserstoff gefunden werden kann zuungunsten von Kohlensäure, schien doch die Schwefelwasserstoffreaktion sehr stark, und es fällt mir schwer zu glauben, daß nur 2—3 % H_2S in den Gasen vorhanden sein soll. *Thorkelsson* hat allerdings nur Nebenquellen analysiert; aber auch dies scheint mir kaum obige Differenzen zu erklären. Sollte sich eventuell der Charakter des Austrittes durch irgendwelche Erdbeben seit *Thorkelssons* Besuch geändert haben? Es kann im Felde deutlich erkannt werden, daß solche Änderungen früher stattgefunden haben, indem alte Kieselsinterterrassen zu beobachten sind, wo heute Quellen von Acihvertypus liegen. Weitere Untersuchungen wären wünschenswert.

2. Einzelgruppe von Svartsengi.

Zirka 5 km nördlich von Grindavik kann man bei feuchter Witterung etwas westlich der Straße Dampffahnen beobachten, welche aus dem Lavafelde aufsteigen. An den Austrittsstellen, welche ziemlich unbedeutend sind, findet man Temperaturen von über 90°.

IV. Das Solfathermalareal von Torfajökull.

Dieses Gebiet liegt außerhalb des Bereiches der dänischen Karte. Jedoch haben *P. Hannesson* und *St. Sigurdsson* (1933) eine gute, ziemlich detaillierte Karte veröffentlicht. Unser Besuch wurde in einer eintägigen Exkursion vom Lagerplatz aus erledigt, so daß nur eine orientierende Übersicht erhalten werden konnte. Auf der vorgenannten Karte sind zirka zwölf Solfathermalgruppen eingezeichnet, wobei die Acihvere und Dampfquellen, welche den Hrafntinuskr umgürten, als ein Feld zu zählen sind. Dieses letztere Feld hat wieder sehr zahlreiche Einzelgruppen (gegen zwölf), so daß es also schwierig wird, eine richtige Gruppenzahl anzuführen. Auf unserer Exkursion stellten wir fest, daß die Einzeichnung der Solfathermalstellen auf der Karte nicht vollständig ist, sei es, daß damals nicht alle Austritte beobachtet wurden, sei es, daß neue Austritte entstanden sind. Vor allem fällt es auf, daß in der Ebene südlich und südöstlich des liparitischen Hrafntinurhaun zahlreiche Rauchfahnen aufsteigen. Diese Ebene muß mit mindestens einem halben Dutzend stärkerer Solfathermalgruppen belegt sein. *Thoroddsen* gibt aus dem weiteren Gebiet auch noch Thermen an, welche in den tieferen Tälern zum Vorschein kommen (Laugar und

Hvitalaug). Anscheinend handelt es sich um laugoide Typen. Insgesamt muß man die Solfathermalstellen in diesem Gebiete auf mindestens 20 bis 30 Gruppen schätzen.

Die große Verbreitung der Quellen auf engem Raume läßt die Vermutung aufkommen, daß in der Tiefe ein lakkolitischer Intrusivkörper liegt, welcher, nach den postglazialen Laven zu schließen, bereits in das liparitische Differentiationsstadium eingetreten ist. Obsidianströme treten sehr zahlreich auf. Die meisten Obsidiangläser, welche man in Reykjavik zur architektonischen Verzierung der Häuser verwendet, kommen aus dieser Gegend. Der tiefliegende Magmakörper muß bedeutend sein, da viele Liparitströme ausgebrochen sind. Der Hrafntinnusker ist selbst eine jüngere liparitische Staukuppe.

Nicht nur die vielen Acihvere und Dampfquellen zeugen von starken Entgasungsvorgängen, sondern es gibt auch zahlreiche Sprengtrichter. Ein auffälliges Charakteristikum der Gegend sind dicke Aschendecken, welche den Palagonittuff überdecken.

Die Quellen lassen stellenweise, wie gewohnt, Aufreihungstendenzen erkennen. Einer solchen Solfathermenreihe gehört der sog. Stórihver an. Derselbe liegt in einer WNW streichenden Schlucht, welche voll von Dampfaustritten ist. Sie endigt im W bei einer Gruppe von Acihveren im Austur Reykjadalir. Auf der Karte findet sich hier der Name Stórihver, was aber nach den Angaben von *G. Arnasson* nicht dem Ortsgebrauch entspricht. In der Tat ist für die Vorkommnisse in der Schlucht selbst dieser Name viel zutreffender.

Da die meisten Quellpunkte sehr hoch liegen und zum Teil porösem Grunde entspringen, würde man für die Vorkommnisse solfataraartigen Charakter vermuten. Der Typus ist aber derjenige von Acihveren, wobei eine ganz beträchtliche Dampfentwicklung auffällt. Weithin hörbare Soffionen sind häufig. Bei der Analyse des Dampfes fällt auf, daß der Wasserdampfgehalt bedeutend höher ist als im restlichen SW-Island. Nach den provisorischen Bestimmungen mit dem Probierrohr dürfte er mindestens etwa 99,9 % betragen. Dieser große Wasserreichtum der Dampfphase erklärt den Acihverhabitus der Vorkommnisse.

Das Wasser ist meist schwach sauer bis neutral. Die Wasseranalyse Nr. 3 stammt von einem sehr hoch gelegenen Austritte, gerade unterhalb des Gletschers an der W-Seite des Hrafntinuskers. Die geringe Mineralisation des Wassers zeigt an, daß es sich hauptsächlich nur um Kondens- und Oberflächenwasser handeln kann. Das Oberflächenwasser ist jedenfalls trotz dem porösen Grunde reichlich vorhanden, weil diese Höhen starken Regenfällen ausgesetzt sind.

Leider ist die Laboratoriums-Gasprobe auf dem Wege beschädigt worden. Die Probeanalysen im Felde lassen auf einen Schwefelwasserstoffgehalt von zirka 10 und mehr Prozent schließen, Kohlensäure 60—70 %. Meist ist auch Sauerstoff vorhanden und beträchtliche Mengen von Restgasen. Die Quellen des Torfajökullgebietes scheinen demnach midsolfatoiden Chemismus zu haben.

V. Das Solfathermalareal von Hvitá und Pjorsa.
(Subsolfatoid-laugoide und laugoide Hvere und Thermen.)

Dieses Solfathermalareal ist sehr ausgedehnt und die einzelnen Austritte liegen oft ziemlich distanziert. In bezug auf die weitere Umgebung zeichnet sich immerhin ein geschlosseneres Areal ab. Die Quellpunkte liegen in der wasserreichen Ebene in meist nur wenig erhöhter Lage. Wie ich später begründen werde, dürfte diese Lage der Grund dafür sein, daß die laugoiden Typen überwiegen. In den intensiveren Hveren sind meistens noch mit Bleiazetat Spuren von Schwefelwasserstoff nachweisbar. Auch kann man in den Gasen manchmal Reste von Kohlensäure finden. Es gibt anscheinend aber nur ein Zentrum von noch subsolfatoidem Chemismus. Es ist das Geysirgebiet von Haukadalur, welches gegenüber den andern Quellen eine erhöhte Lage hat. Ich gebe nachfolgend die Detailliste der einzelnen Quellen:

Nr. 1 **L a u g a r b a k k a r.** Laugoide Quelle von 55°, zirka 30—50 l/Min. Spuren von H_2S vorhanden.

Nr. 2 **S k r ú d v e n g i.** Heißes Grundwasser von 55°. Ebenso bei Sudurkot.

Nr. 3 **V a d n e s.** Nicht besucht. Nach mündlichen Angaben wie Nr. 2.

Nr. 4 **K l a u s t u r h o l a r.** Unbedeutende Quelle mit wenig Wasseraustritt und wenig Luftblasen. 34°.

Nr. 5 **K i d j a b e r g.** Nicht besucht. Nach mündlichen Angaben eine Therme.

Nr. 6 **E y v i k.** Laugoide Quelle mit ziemlichem Abfluß von zirka 55°.

Nr. 7 **O r m s s t a d i r.** Geringer Abfluß, zirka 40°, laugoid.

Nr. 8 **H v e r a k o t.** Bedeutende laugoide Therme bis Hver. 94°. Bedeutender Abfluß. Nach Angaben zirka 60 l/Sek.

Nr. 9 **M o s f e l l S.** Nicht besucht. Verschiedene Thermen und Hvere. Nach mündlichen Angaben ganz ähnlich wie Nr. 10.

Nr. 10   L a u g a r á s. Laugoider Hver. Wasser reagiert auf Bleiazetat (H₂S). Ziemlich Gasblasen. Abfluß nach Angabe des Besitzers 44 l/Sek. Nach *Thorkelsson* (1910) besteht das Gas aus Stickstoff und wenig Methan. An den heißesten Stellen Siedetemperatur, stärkere Inkrustationen mit Kieselsinter. Wasseranalyse Nr. 6.

Nr. 11   S p ó a s t a d i r. Schwach laugoide Therme von 55°.

Nr. 12   S y d r i   R e y k i r. Starke Kochquelle, leicht alternierend, mit künstlicher Fassung. Schwacher H₂S-Geruch. Mit Lauge keine Kohlensäureabsorption mehr beobachtbar. Abfluß zirka 30 l/Sek. von 96°. Der Dampf besteht fast zu 100 Prozent aus Wasser.

Nr. 13   R e y k j a v e l l i r. Laugoide Therme von 81° mit wenig Gas. Abfluß zirka 5 l/Sek.

Nr. 14   R e y k h o l t. Schöne alternierende Sprudelquelle, seit Mitte des 18. Jahrhunderts beschrieben, auf einem kleinen Hügelzug, der nach NE streicht und aus Tuff besteht. In der Nähe findet sich ein glazial geschrammter Basaltdurchbruch mit säulenförmigen Absonderungen. Alternierender Abfluß von 94°. Wenn die Quelle tätig ist, fließen zirka 17 l/Sek. Wasser ab. Dabei sprudelt die Quelle bis über 1 m hoch, während zirka 10 Minuten. Es tritt dann ziemlich unvermittelt Ruhe ein, und das Wasser sinkt gegen 1 m, nachher steigt es langsam. Nach zirka 10 Minuten folgt ein neuer Sprudel.

Nr. 15   L a u g a r v a t n. Sehr intensive Kochquelle. In den Gasen ist Schwefelwasserstoff zu riechen. Badeeinrichtungen. Von uns nicht näher untersucht.

Nr. 16   N ö r d l i c h   L a u g a r v a t n s e e. Nicht besucht. Vermutlich laugoide Therme.

Nr. 17   U t e y. Stärkere Kochquelle ähnlich wie Laugarvatn. Nicht besucht.

Nr. 18   N o r d e n d e   A p a v a t n. Nicht besuchte Therme.

Nr. 19   E f r i   R e y k i r. Therme von zirka 75°. Nach *Thoroddsen* (1889) 80°.

Nr. 20   G e y s i r   H a u k a d a l u r. Viel besuchtes, intensives Solfathermalfeld. Zahlreiche Quellen, wovon einige Geysire. Der Große Geysir wird jeweils durch künstliche Nachhilfe (Einseifen und Druckentlastung durch Senken des Wasserspiegels) seit 1935 wieder zum Springen gebracht, nachdem er lange Jahre untätig war. Ein Ausbruch des Geysirs während unserer Anwesenheit dauerte zirka 20 Minuten. Der Ausbruch hatte deut-

42

lich zwei Phasen. In den ersten 10 Minuten wurde stoßweise
heißes Wasser ausgeworfen, in den zweiten 10 Minuten setzte
ein Dampfwasserstrahl ein, welcher in seiner intensivsten Phase
eine Höhe von über 40 m erreichte. Dann flaute die Tätigkeit
ab zu einer ruhigen Dampfentwicklung aus dem leeren Zentral-
schlote. (Bilder 10—13, Tafeln V u. VI.) *Einarsson* hat kürzlich
(1937) nähere Angaben gemacht über die Verhältnisse des
Geysirs.

Daneben gibt es noch zwei Geysire, die unregelmäßig und selten springen sollen (Smidur und Operisholar). Es gibt eine große Zahl von alkalischen Quellen, klaren Wasserbecken sowie kleinerer Kochquellen. Die
Gaszusammensetzung ist subsolfatoid-laugoid. Das Wasser scheint nach
früheren Analysen *(Bunsen, Descloizeaux)* auch einen merklichen Chlor-
und Bikarbonatgehalt aufzuweisen. Die laugoiden Absorptionsvorgänge
gehen aus unserer Gasanalyse Nr. 4 hervor, welche der Quelle Fata entnommen ist. Stellenweise habe ich durch Feldproben das Aufsteigen von
Luftblasen festgestellt, was zeigt, daß Luft in diesen Quellgebieten auch
nach tieferen Zonen gelangen kann.

Der subsolfatoide Charakter macht sich an einigen Stellen bemerkbar;
so finden sich nördlich des Sinterkegels des Großen Geysirs kleinere
Schlammtöpfe von acihverem Habitus. Die Probeanalyse im Felde ergab
zirka 10 % H_2S, 68 % CO_2, keinen Sauerstoff und 22 % Restgase.

Die Temperaturmessungen ergeben vielfach in den Wasserbecken relativ
niedrige Temperaturen, welche aber offenbar mehr durch oberflächliche
Abkühlung bestimmt werden als durch die Tiefentemperaturen. So floß zum
Beispiel beim Großen Geysir im gestauten Zustand zirka 2,75 l/Sek. ab
bei einer Temperatur von 67°. Nach Absenkung des Spiegels durch die
Entlastungsrinne um zirka 70 cm flossen zirka 4 l/Sek. von 75—80° ab.
Konungshver hatte einen Abfluß von 1 l/Sek. und eine Temperatur von
96°. Strokkur, ein früherer Geysir, hatte eine Temperatur von 74° (August
1935) und keinen sichtbaren Abfluß usw.

Nr. 21 H a u k a d a l u r. Nicht besucht. Nach mündlichen Angaben
nicht sehr bedeutende Therme von 84°.

Nr. 22 M u l i. Unbedeutende Therme von zirka 40°.

Nr. 23 S e l f o s s l a u g. Rein laugoide Therme von 57° (1936). Nach
Thorkelsson 1928 54°. Nach dem Erdbeben von 1896 soll diese
Therme fast gekocht haben. Sie tritt deutlich an einer NE
orientierten Spalte auf. In der Fortsetzung dieser Richtung liegt
auf der andern Flußseite eine zweite unbedeutende Therme.

Nr. 24 L a u g a r d a e l i r. Wenig bedeutendes Wasserloch ohne Abfluß. 1936 47°. Vor dem Erdbeben 1896 76°.

Nr. 25 O d d g e i r s h o l a r. Südlich Stóri Reykir. Nicht besucht. Soll zirka 50° haben.

Nr. 26 H e m m i s k e i d. Warmes Grundwasserloch ohne Gas. 32°.

Nr. 27 H ú s a t ó p t i r. Laugoide Therme mit wenig Gas. 38°. Normalerweise keinen Abfluß. Bei nassem Wetter soll sie Abfluß haben und dann heißer sein. Nach Angaben des Bauern soll sie auch durch Wasserschöpfen auf 60—70° gebracht werden können. Könnte mit Nr. 26 auf einer NE streichenden Kluft liegen.

Nr. 28 R e y k i r. Laugoide Therme von 62° und wenig Gas. Beim Erdbeben von 1896 soll die Quelle wesentlich intensiver gewesen sein, ist seither aber wieder abgeflaut.

Nr. 29 G r a f a r b a k k i. Stärkerer laugoider Hver mit wenig Kohlensäure und schwachem Schwefelwasserstoffgeruch (Analyse *Thorkelsson* 1910). Deutlich nach NE aufgereihte Thermalstelle.

Nr. 30 H r u n i. Nicht besuchte Therme.

Nr. 31 B e i S k i p h o l t. Nicht besuchte Therme.

Nr. 32 L a u g a r. Alternierende Kochquelle.

Nr. 33 J a t a. Nicht besuchte Therme.

Nr. 34 H ö r g s h o l t. Nicht besuchte Therme.
Angaben von 30—34 nach *Kjartansson*. Es scheint sich um laugoide Vorkommnisse zu handeln.

Nr. 35 P j ó r s á h ó l t. Nicht besuchte Therme. Nach *Thoroddsen* 32°.

Nr. 36 P j ó r s á r t ú n. Nicht besuchte Therme.

Nr. 37 N H e i d i. Nicht besuchte Therme.

Nr. 38 M a r t e i n s t u n g a. Nach NE aufgereihte unbedeutendere laugoide Thermen von unter 40°.

Nr. 39 K a l d a r h o l t. Nicht besuchte Therme.

Nr. 40 H a g i. Nicht besuchte Therme.

Nr. 41 H j a l l a n e s L a u g. Nicht besuchte, unbedeutende Therme.

Nr. 42 V i n d á s L a u g a r. 56°. Rein laugoid, ohne H_2S- und CO_2-Reaktionen. Wenig Stickstoffgasblasen. Klares Wasser von mehreren l/Sek.

Nr. 43 S v i n h a g i. Nicht besuchte Therme.
Südlich Laekjarbotnar soll es nach *Thoroddsen* eine lauwarme Quelle geben (Hjallanes Laug?). Bei Stóri Klofi und Skard ist nach Angaben der Bauern nur Erdwärme zu konstatieren, was in solchen Gebieten von heißen Quellen häufig der Fall ist.

Nr. 44 R a u f a r f e l l. Eine Einzelgängerquelle, welche einigermaßen außerhalb des vorstehenden Areals auftritt. Vermutlich laugoide Therme.

IV. Das Solfathermalareal von Borgarfjord.

(Laugoide Hvere und Thermen.)

Dieses Gebiet ist typisch laugoid und enthält Hvere und Thermen. Schwefelwasserstoff ist vielfach überhaupt keiner mehr vorhanden oder kann dann nur noch mit Bleiazetat im Wasser nachgewiesen werden. Die Kohlensäure ist nach den Probeanalysen meist vollständig absorbiert. Die Quellen führen durchwegs klares Wasser in oft sehr beträchtlichen Quantitäten. Nachstehend folgt die detaillierte Liste:

Nr. 1   L e i r a. Eigentlich noch eine Einzelquelle, welche außerhalb des Thermenareals liegt. Therme von 50° zirka.

Nr. 2   S u d s t u f o s s a r   L a u g. Laugoide Thermen von 40—50°. Nach *Thoroddsen* 53°. 4—5 l/Sek. aus verschiedenen Austritten am Abhang. Heute ist ein großes Schwimmbassin eingerichtet.

Nr. 3   S k o r r a d a l s v a t n. Laug, der zirka 40° warm sein soll. Nicht besucht.

Nrn. 4 und 5   F i t j a r. Nicht besucht. Nach mündlichen Angaben.

Nr. 6   O b e r h a l b U x a v a t n. Mündliche Angaben. Nicht besucht.

Nr. 7   E n g l a n d. Die Quellen südlich des Flusses sind ein Hver. Analyse von den spärlichen Gasen siehe Gasanalyse Nr. 5. Ausfluß zirka 3 l/Sek.

Nr. 8   R e y k i r. Nördlich des Flusses sollen 4 Thermen austreten, wovon die heißeste 75° hat. *Thoroddsen* gibt nach älteren Berichten 43° an. Nicht besucht.

Nr. 9   K r o s s l a u g. 40—45°. Zirka 1 l/Sek.

Nr. 10   B r a u t a r t u n g a. Laugoide Therme von 80—90°. Wasser enthält Spuren von H_2S. 2—3 l/Sek.

Nr. 11   O b e r h a l b   S n a r t a s t a d i r. Unbedeutende Therme am Fluß. Zirka 40°.

Nr. 12   F o s s a r. Drei Quellpunkte. Nach *Thoroddsen* 48°.

Nr. 13   V a r m a l a e k u r. Nicht besucht.

Nr. 14   B a e r. Nicht besucht. Nach *Thoroddsen* 56°. Merklicher Abfluß.

Nr. 15   L a n g h o l t. Nicht besucht.

Nr. 16   K l e t t u r. Südlich des Flusses drei Thermen. 50—73°. Nicht besucht.

Nr. 17   S t ó r i k r o p p u r (Geirsá). Therme, soll zirka 80° haben. Nach *Thoroddsen* 60°. Nicht besucht.

N r. 18   H v e r n ö r d l i c h L a u g a r l a n d. Mit schönem Schwimmbad. Gase zeigen keine CO_2-Absorption mehr, also rein laugoid.
Aus verschiedenen Quellstellen fließt zirka 10 l/Sek. Wasser.

N r. 19   L u n d a h v e r. Nur Therme von zirka 80°. Nicht besucht.

N r. 20   B r u a r r e y k i r. Laugoide Thermengruppe von maximal zirka
80°. Der Abfluß beträgt zirka 16 l/Sek. von 57°. Das Wasser
enthält Spuren von H_2S.

N r. 21   S i d m u l i. Kleine alkalische Therme von 67°. Nach *Thoroddsen* 73°. Zirka 0,5 l/Sek. Wasser. Etwas H_2S-haltig.

N r. 22   S u d d a l a u g. Nicht besucht. Unbedeutend. 60—70°.

N r. 23   N o r d u r r e y k i r. Sehr bedeutende Hvergruppe, welche nach
Thoroddsen über 30 Quellpunkte besitzt. Nicht besucht.

N r. 24   H u r d a r b a k. Zwei laugoide Hvere, wovon der nördliche
Hver zirka 20 l/Sek. liefert. Der Bachabfluß der südlichen Quelle
hat zirka 30 l/Sek., aber nur von 35°.

N r. 25   D e i l d a r t u n g a. Wohl die in bezug auf Abfluß intentivsten
laugoiden Hvere von ganz Island. Abfluß gegen 200 l/Sek. Wasser oder mehr. Die meisten Quellen sieden. Gasanalyse ergab
kein CO_2, sondern nur Stickstoff. Im Wasser sind Reste von
H_2S nachweisbar. Noch im letzten Jahrhundert zeigten sich hier
nach den Berichten stärkere Geysirphänomene, während heute
nur noch schwach alternierendes Kochen beobachtbar ist. Süd-
südöstlich dieser Quellen finden sich weitere heiße bis siedende
Thermen.

N r. 26   H a m r a r. Nach Mitteilungen unbedeutende Thermen von 40°.

N r. 27   K l e p p j a r n s r e y k i r. Ziemlich bedeutender laugoider Hver
mit Gewächshauseinrichtungen. Abfluß bedeutend.

N r. 28   F u n d a h ú s. Laugoider Hver mit starkem Abfluß.

N r. 29   S t u r l u r e y k i r. Leicht alternierende Kochquelle mit zirka
4,5 l/Sek. Abfluß. Laugoid.

N r. 30   A a r h v e r. Auf einer Klippe im Fluß. War früher Geysir.
Bedeutende Intensität. In der Nähe auch Badlaugarhver. Nicht
besucht.

N r. 31   R e y k h o l t. Mittelstarker Hver laugoider Natur. Schönes
gedecktes Schwimmbad. Geschichtlich bekannt durch das Bad
von Snorri Sturlasson. Wasseranalyse Nr. 7.

N r. 32   K o p a r e y k i r. Nach *Thoroddsen* heiße Wasserlöcher. Nicht
besucht.

N r. 33   H a e g e n d i. Laugoider Hver. Kohlensäurefrei. Abfluß zirka
6 l/Sek.

Nr. 34   U l f s s t a d i r. Unbedeutende Therme von zirka 30°.

Nr. 35   G i l j a r. Unbedeutende Therme. Nach mündlichen Angaben.

Nr. 36   S t ó r i Á s. Stärkere Therme. Aus einem Quelloch reichliche Stickstoffgasblasen, wodurch lokal für dieses Quelloch ein pseudohverartiger Charakter entsteht. Das Wasser reagiert nicht auf Schwefelwasserstoff. Maximaltemperatur 76°. Abfluß zirka 30 l/Sek. von 50°.

Nr. 37   H ú s a f e l l. Verschiedene klare alkalische Thermen an der südlichen Talflanke, 40—50 m über dem Talboden. Stärkste Quelle nicht ganz 1 l/Sek., 51°.

VII. Das Solfathermalareal von Reykjavik.
(Laugoide Thermen)

Die laugoiden Thermen um Reykjavik sind schon verschiedentlich beschrieben worden, und *Thorkelsson* hat verschiedene Gasanalysen angefertigt sowie eine eingehendere Beschreibung gegeben. Ich habe von diesen Vorkommnissen nur Sudur Reykir besucht, gebe aber der Vollständigkeit halber die ganze Liste nach Angaben von *Thorkelsson*. Dieser Autor fand bei seinen Gasanalysen fast immer reinen Stickstoff, vereinzelt geringe Reste von CO_2 und Methan. Also das gewohnte Bild für laugoide Quellen.

Nr. 1   R e y k j a v i k. Laugarneslaug. 88°. Zirka 10,5 l/Sek.

Nr. 2   H l i d s l a u g , b e i G a r d a r.

Nr. 3   B r e i d h o l t s l a u g a r. Verschiedene Quellen bis 35°.

Nr. 4   G r a f a r l a u g. Unbedeutend. Zirka 20°.

Nr. 5   R e y k i r M o s f e l l s v e i t (Sudur Reykir). Bedeutende laugoide Therme, bei welcher man größere Gewächshäuser errichtet hat. Nach Angaben an Ort und Stelle liefern diese Quellen zirka 100 l/Sek. Wasser von etwas über 80°. Durch elf Bohrungen waren August 1936 weitere 89 l/Sek. erbohrt. Die Bohrungen, welche mit Rohrdurchmessern von 11 cm durchgeführt wurden, sollen die zirka 20 km entfernt liegende Stadt Reykjavik mit Heißwasser versorgen. Ein Bohrloch von 249 m Tiefe liefert 18 l/Sek. Das tiefste Bohrloch von 368 m liefert nur 1¾ l/Sek. von 88°. Die Wasserprobe von Analyse Nr. 8 stammt aus einem Bohrloch. Das Wasser reagiert auf H_2S.

Nr. 6   N o r d u r R e y k j a h v e r s. Stärkerer Abfluß. 79°.

Nr. 7   K o l l a f j a r d a r l a u g. 56°.

Nr. 8   E s j u b e r g.

VIII. Das Solfathermalareal von Snaefellsnes.

(Thermen und Kohlensäuerlinge)

Die vulkanischen Quellen von Snaefellsnes gehören vorwiegend mofetoiden Entwicklungsstadien an. Die Quellen sind nicht einheitlich; sie teilen sich auf in aszendierende Thermen, aszendierende Kohlensäuerlinge. und in oberflächliche Kohlensäuerlinge, welche durch Mofetten erzeugt werden.

1. Aszendierende Thermen.

Es handelt sich um nicht sehr bedeutende Vorkommnisse, welche aus Zeitmangel nicht näher untersucht wurden. Trotzdem verdienten sie ein gewisses Interesse, weil es sich um Thermen handelt, die mit den mofetoiden Quellen auftreten. Ich vermute, daß es sich um stärker mineralisierte Quellen handelt als die laugoiden Thermen aus den früher besprochenen Gebieten.

Nr. 1 L a n d b r o t. 41—52°. Verschiedene kleine Austrittsstellen mit wenig Gas. Kieselsinter. Keine Reaktion auf H_2S. Nicht sehr großer Abfluß für die Größe des Areals (zirka 1 l/Sek.).

Nr. 4 S y d r i R a u d a m e l u r. Zirka 40°. Wenig Gasblasen. Etwas Abfluß. Scheint im Typ ähnlich wie Landbrot.

Nr. 7 H r ú t s h o l t L a u g. Nicht besucht.

Nr. 9 B e r g s h o l t. Unbedeutender Tümpel. Wenig Gas. 24,5°.

Nr. 11 L y s o h o l t s l a u g a r. Ausgedehnteres Quellenfeld mit vielen Quellstellen. Temperaturen wechseln bis maximal 54°. Kieselsinterbildungen. Aufsteigende Gase. Fast reine Kohlensäure. In der Nähe liegt ein kleinerer liparitischer Lavaaufstoß (im NW des Feldes). Etwas abseits nach SW findet sich eine stärkere Quelle, welche ziemlich viel Kohlensäuregas enthält und einen roten Sinterkegel aufgeschüttet hat. Abfluß zirka ½ l/Sek. 32°. Von hier stammt die Wasseranalyse Nr. 11 und die Gasanalyse Nr. 9. Diese Quelle leitet in ihrem Habitus über zu den nachfolgend beschriebenen aszendierenden Kohlensäuerlingen. Dieses Vorkommnis zeigt also, daß die Thermen von Snaefellsnes vermutlich mit diesen Kohlensäuerlingen verwandt sind und nicht als rein laugoide Typen angesehen werden dürfen.

Nr. 16 B a r d a r l a u g. Nicht besucht.

2. Aszendierende kalte Kohlensäuerlinge.

Die nachstehend angeführten, nicht besuchten Vorkommnisse könnten möglicherweise auch andern Typen angehören, welche unter 3. noch besprochen werden. Die zu erhaltenden mündlichen Angaben waren diesbezüglich einigermaßen vag.

Nrn. 2 und 3 S ü d l i c h H l i d a r v a t n. Kohlensäuerlinge. Nicht besucht.

Nr. 8 S k o g a r n e s. Nach mündlichen Angaben. Nur bei Ebbe sichtbar. Nicht besucht.

Nr. 10 S t a d a s t a d i r. Oelkelda. Temperatur 8°. 0,6 l/Min. Roter Sinterabsatz. Soll manchmal weniger stark fließen, dafür aber konzentrierteren Geschmack haben. Wasseranalyse Nr. 12. Vermutlich relativ viel juveniles Aszendenzwasser vorhanden.

Nr. 12 B l á f e l d a r s k a r d. Nicht besucht.

Nr. 14 B j a r n a f o s s k o t. Drei kleinere Quellen von total 0,07 l/Sek. 8°. Gase fast 100 % aus Kohlensäure. Wasseranalyse Nr. 13.

Nr. 15 A n S t r a ß e w e s t l i c h B j a r n a f o s s k o t. Nicht gefunden. Soll aber existieren.

Nr. 19 O e l k e l d a o b e r h a l b L o m a k o t. Zirka 8°. 0,21 l/Sek. Nicht sehr konzentriertes Aszendenzwasser. Analyse Nr. 14.

3. Durch Mofetten erzeugte oberflächliche Kohlensäuerlinge.

Wenn Mofetten im Boden aufsteigen und oberflächliche kalte Wasser durchbrechen, so löst sich die Kohlensäure in diesem Wasser. Es entstehen dann wenig mineralisierte kohlensäurehaltige Wasser. Eine solche Entstehung dürfte für verschiedene Kohlensäuerlinge auf der Snaefellsneshalbinsel zutreffen. Nachfolgend eine Liste von solchen Beispielen:

Nr. 5 O e l k e l d a (= Bierquelle) n o r d ö s t l i c h v o n R a u d a - m e l u r. Im klaren Oberflächenwasser, das zwischen gröberen Felsblöcken liegt, steigen fast reine Kohlensäureblasen auf. Die Gasblasen sind so auffällig, daß man diese Quelle schon als den schönsten und bedeutendsten Kohlensäuerling von Island bezeichnet hat. Sie bietet das Bild eines Pseudohvers. Die Analyse Nr. 16 zeigt aber, daß die Quelle wenig Mineralsalze enthält.

N r. 12 G e r d u b e r g. Im Moor. Nicht besucht. Vermutlich ähnlich wie 13.

N r. 13 O s a k o t b e i B u d i r. Kohlensäurehaltiges Moorwasser von zirka 9°.

N r. 17 O l a f s v i k. Quelle in moorigem Boden. Gasblasen bestehend aus 99 % CO_2. Wasseranalyse Nr. 15. Abfluß 0,015 l/Sek.

N r. 18 H r i s a r. Zwei unbedeutende Quellen, welche bei sehr nassem Wetter verschwinden.

N r. 20 G r u n d a r f j o r d. Unbedeutendes mofetoides Wasserloch.

N r. 21 S e t b e r g. Unbedeutend. Nicht besucht.

Es mag noch andere Vorkommnisse von kohlensäurehaltigem Wasser auf Snaefellsnes geben. Die einzelnen Mofettenaustritte scheinen nicht sehr beständig. Änderungen in der Wasserzirkulation können sie zum Verschwinden bringen, wie dies beispielsweise in Nr. 18 angegeben wird. (Lösung des CO_2 in Wasser.) Solche Veränderungen werden auch durch geschichtliche Erzählungen belegt. Ferner wird von Kohlensäuerlingen berichtet, welche heute nicht mehr zu existieren scheinen. Es soll beispielsweise in Olafsvik früher noch einen andern Kohlensäuerling gegeben haben. Ebenso soll ein solcher bei Stadarhaun existiert haben. Ein derartiges Verhalten ist für mofetoide Oberflächenwasser ohne weiteres verständlich. Dafür dürften die Quellen aszendierender Natur (Abschnitt 1 und 2) beständiger sein.

D. Statistisches, Alter und Veränderlichkeit der Quellen.

Zahl der Solfathermen.

Eine Quellstatistik auf Grund der Detailaustritte und Einzellöcher hat keinen großen Zweck. Ein solcher Detailkatalog würde allein für SW-Island weit über tausend Quellen umfassen. Es scheint vernünftig, die individuelle Gruppe (resp. das Feld) als maßgebende Einheit für eine Quellstatistik anzusehen. Auf dieser Basis ist auch die Numerierung des vorstehenden Quellenverzeichnisses durchgeführt. Auch hierbei ergeben sich natürlich vielfach Zweifelsfälle, was als individuelle Gruppe zu bezeichnen ist, sobald, wie zum Beispiel im Torfajökullgebiet, viele Einzelgruppen nahe beieinander liegen. Für SW-Island erhält man die nachstehende tabellarische Übersicht:

Areal	Gruppenzahl	Charakter der Einzelgruppen
Hengill	50	Solfataren, Hvere, Thermen. Chemismus: midsolfatoid, subsolfatoid, laugoid, mofetoid.
Krisuvik	16	Solfataren und Hvere. Chemismus: midsolfatoid, subsolfatoid.
Torfajökull . . .	20—25	Hvere, Thermen. Chemismus: sub-, eventuell midsolfatoid (laugoid).
Hvitá-Pjórsá . . .	43	Hvere und Thermen. Chemismus: laugoid (subsolfatoid).
Borgarfjord . . .	36	Hvere und Thermen. Chemismus: laugoid.
Reykjavik	8	Laugoide Thermen.
Snaefellsnes . . .	21	Laugoid-mofetoide Thermen, mofetoide Pegen.
E i n z e l q u e l l e n :		
Kap Reykjanes . .	1	Sub- bis midsolfatoider Acihver.
Swartsengi (III/2) .	1	Subsolfatoider Acihver.
Leira (VI/1) . . .	1	Laugoide Therme.
Raufarfell (V/44) .	1	Laugoide Therme.
Total	198—203 Quellgruppen	

SW-Island enthält demnach zirka 200 individuell ausscheidbare Quellgruppen, von denen nur 2 % Einzelgänger sind. Für das restliche Island
ergibt sich ungefähr folgende Übersicht, wobei als Distrikte der Zählung
die Provinzen angenommen wurden, welche in der Übersichtsskizze der
Insel (Tafel II) ausgeschieden wurden.

					Wahrscheinlich vorkommende Typen
IV. NW-Provinz	. zirka	34	Quellgruppen	}	laugoide Hvere und Thermen
V. N-Island . .	»	30	»		
I. S-Provinz exklusive SW-Island .	»	10—15	»	}	solfatoide u. laugoide Hvere und Thermen (Solfataren)
II. NE-Provinz . .	»	15—20	»		
VI. E-Provinz . .	»	5	»		laugoide Hvere und Thermen (mofetoide Pegen)
Total zirka		100	Quellgruppen		

Island dürfte demnach etwas über 300 Quellgruppen besitzen, wovon
zirka zwei Drittel in dem sehr viel kleineren Gebiet von SW-Island vereinigt sind.

Während in bezug auf Abkühlungsstadien in den einzelnen Arealen
verschiedene Typen nebeneinander auftreten, zeigt der chemische Typ in
einem gegebenen Areal eine ziemliche Konstanz. Es ist eine für die meisten
Thermalgebiete gültige Regel, daß ein bestimmtes Gebiet in bezug auf die
Zusammensetzung der Gasphase relativ homogen ist, daß also die Quellen
dem gleichen Absorptionsstadium angehören. In Island ist, für die ganze
Insel betrachtet, die Quellenassoziation chemisch stark heterogen. In den
einzelnen Quellarealen dagegen macht sich auch hier die Tendenz zur
homogenen Assoziation häufig geltend. Immerhin gibt es einige Quellen-
areale, wo die Typen ausgesprochen chemisch heterogen sind. Besonders
auffällig kommt dies im Hengillareal zur Geltung, wo sich große chemische Variationen in der Gaszusammensetzung geltend machen, wie sie
meines Wissens noch aus keinem andern räumlich beschränkten Solfathermalareal bisher bekannt geworden sind. Einzig die heterogene Kombination subsolfatoid und laugoid hat anderswo eine gewisse Verbreitung.
Diese Verhältnisse werden uns später noch weiter beschäftigen.

Kondensationszustand. Es ergibt sich folgende Übersicht
über den Kondensationszustand in SW-Island:

Deutlich überhitzte Dämpfe . . .	1 Beispiel (118—199°)	
Geringe Überhitzung . . . . . . zirka	5 Beispiele (zirka 1—2°)	
Kondensationstemperatur . . . . »	100 Gruppen	
Thermen (und Pegen) . . . . . »	100 Gruppen	

C h e m i s m u s. In bezug auf die chemischen Haupttypen ergibt sich folgende Übersicht für SW-Island:

Solfataren und Acihvere . . . . zirka 75
    (darin zirka 20 Soffionen und zirka 15 Solfataren)
Subsolfatoid-laugoide Basihvere . . . . » 10
    (darin 1—2 Soffionen)
Laugoide Basihvere . . . . » 20
    (darin zirka 10 Geysire und deutliche alternierende Koch-
      quellen)
Laugoide Thermen . . . . » 75
Laugoide Pseudohvere . . . . » 1
Thermale mofetoide Pseudohvere . . . . » 5
Aszendierende Kohlensäuerlinge . . . . » 8
Mofetoide Oberflächenwasser . . . . » 7

Diese Zusammenstellung zeigt, daß Solfataren und Acihvere solfatoider Natur sowie laugoide Hvere und Thermen den Hauptstock der isländischen Vorkommnisse ausmachen. Von den Solfataren und Acihveren dürften vermutlich etwa die Hälfte, eventuell sogar mehr als die Hälfte midsolfatoid sein. Es war aber mit den im Felde zur Verfügung stehenden Hilfsmitteln in vielen Fällen nicht möglich, eine solche Scheidung genau vorzunehmen; auch fehlen die genügenden Laboratoriumsanalysen, weshalb ich auf eine exakte Angabe verzichten muß. In der vorstehenden Aufstellung wurden nur die Haupttypen berücksichtigt, welche man den einzelnen Gruppen zuschreiben kann.

Alter der isländischen Solfathermen.

Soweit alte Berichte vorliegen, dürften die heißen Quellen schon zur Zeit der Wikingerbesiedelung bestanden haben, also vor zirka tausend Jahren. Es liegen allerdings nach *Thoroddsens* Angaben nur spärliche genauer identifizierbare Berichte über einzelne Quellen vor. Ich möchte in diesem Zusammenhang auf die Solfathermen der Toskana hinweisen, weil auch sie historisch anscheinend weit zurück verfolgbar sind. Man glaubt, daß diese Austritte schon aus römischen Berichten identifizierbar sind. Sicher ist also, daß die solfathermalen Erscheinungen am Maßstabe des menschlichen Lebens gemessen, eine sehr große zeitliche Konstanz haben. *Barth* (1935) nimmt an, daß gewisse veränderte Gesteinsproben, welche er in Island gesammelt hat, glaziale solfathermale Vorgänge beweisen. Diese Feststellung gibt allerdings wenig Anhaltspunkte über das Alter der heutigen Quellen. Es muß ja als sicher angesehen werden, daß in früheren Zeiten, also auch während der Glazialzeiten, vulkanische

Vorgänge sich geltend machten. Diese älteren Quellenrelikte können deshalb älteren Phasen der magmatischen Tätigkeit angehört haben. Darüber weiß man vorläufig noch nichts.

Dagegen ist sicher, daß es eine postglaziale, mehr oder weniger bis heute andauernde vulkanische Tätigkeitsphase gibt, welche schon irgendwann in der Eiszeit begonnen haben muß. Nach vorstehenden Überlegungen sind die heutigen Solfathermen eine Parallelerscheinung dieser jungen Aktivitätsphase. Es scheint dann einigermaßen berechtigt, den heutigen Quellen ein ähnliches Alter zuzuschreiben. Das heißt, dass viele der heutigen Solfathermen Islands möglicherweise ein Alter von einigen tausend Jahren haben. Die geologischen Verhältnisse der Soffione Instidalur (I/4, S. 28) stützen diese Ansicht.

Eine auffällige Tatsache liegt noch in dem Umstand, daß dort, wo das basaltische Magma an die Erdoberfläche gekommen ist, im allgemeinen sich keine lang nachwirkenden Solfathermen halten. Dies kann dadurch begründet sein, daß das basaltische Magma in Oberflächennähe keine sehr großen Gasgehalte in Lösung zu halten vermag und daß diese Gase sehr leicht abgegeben werden.

Veränderlichkeit der solfathermalen Austritte.

Die Möglichkeit eines mehr als tausendjährigen Alters darf nicht dahin ausgelegt werden, daß es sich um lokal sehr konstante Erscheinungen handelt; es gibt im Gegenteil zahlreiche Berichte, welche Veränderungen in den heißen Quellen historisch belegen. Besonders bei Erdbeben haben sich die Austrittstemperaturen und die Intensitätsverhältnisse häufig geändert. Im Bereich der bestehenden Thermalareale können neue Quellen ausbrechen und alte versiegen. *Thoroddsen* (1925) gibt in seiner Beschreibung der heißen Quellen viele Berichte über solche Veränderungen wieder. Auch im vorstehenden Quellenkatalog habe ich einige derartige neuere Beobachtungen vermerkt. Es muß betont werden, daß bei Neuausbrüchen von Quellen zwar Verlagerungen von vielen hundert Metern in bisher von der Erscheinung nicht betroffene Gebiete hinein erfolgen können; dagegen ist nicht bekannt, daß solche Quellen weitab vom Bereiche schon existirender Quellen neu zutage getreten sind. Auch die Intensität und der chemische Charakter können sich im Laufe der Zeiten ändern. Es gibt zum Beispiel bei Kap Reykjanes, Nr. III/1, Anzeichen, daß auf Basihvere Acihvere folgten. Die dort eventuell möglichen chemischen Änderungen könnten zeigen, daß Erdbeben nicht nur Veränderungen in den obersten lockeren Deckzonen nach sich ziehen, sondern daß auch die tieferen Aufstiegsbedingungen verändert werden können.

E. Zusammenfassende Beschreibung der Haupterscheinungen.

Soffionen.

Wenn ich vorstehend von zirka 18 Soffionen sprach, so ist diese Zahl natürlich einigermaßen willkürlich, da es kaum einen Maßstab geben kann, was man noch als Soffione bezeichnen soll und was nicht mehr. Kleinere Dampfbläser sind natürlich noch viel häufiger.

Die intensivste Soffione, wenn man auf die Dampfquantität pro Einzelöffnung abstellt, lag im Hengillgebirge (Instidalur Nr. I/, S. 28, Bild 2, Tafel II), mehrere intensive Einzelbläser gibt es auch in Torfajökullgebiet. Die intensivste lokale Austrittstelle, wobei viele Löcher auf wenigen Quadratmetern Dampf auszischen, war der Nyi Hver in Krisuvik (Nr. II/1, S. 33). Diese Soffione war das einzige Vorkommnis, wo sich in SW-Island bei unsern Untersuchungen merkbar überhitzter Dampf feststellen ließ (118°).

An den verschiedenen Soffionen haben wir eine Serie von Wasserdampfbestimmungen durchgeführt, deren Resultate ich zum Teil noch später diskutieren werde. Normalerweise wurden Werte zwischen 99 % und 99,6 % gefunden. Auffällig viel höher waren jedoch die Wassergehalte im Torfajökullgebiet, wo durchweg sich Werte um 99,9% herum ergaben. Die Soffionen des Torfajökullgebietes sind die einzigen Dampfbläser SW-Islands, von denen man annehmen muß, daß sie von Lipariten abstammen. Auch diese Verhältnisse werden besser erst im theoretischen Teil diskutiert.

Bunsen fand bei Krisuvik nur einen Dampfgehalt von 82,3 %. Ich erkläre mir das so, daß dabei ein Austritt analysiert wurde, welcher schon stark kondensiert war und keine eigentliche Soffione. Dabei kann man natürlich solch niedrige Werte finden, die aber nicht maßgebend sind. *Christensen* fand in Nordisland einen Wasserdampfgehalt von 98,5 %.

Solfataren und Acihvere.

Das ausgesprochenste Solfatarenfeld SW-Islands liegt bei Krisuvik, und zwar hoch oben im Sveifluhálsgebirge (Nr. II/3, S. 35, Bild 8, Tafel IV). Es ist gut drainiert, indem es gerade auf einer beidseitig stark abfallenden Paßhöhe liegt.

Die Analysen von Wassern aus Solfataren zeigen neben gelöster Kieselsäure vor allem ein starkes Vorherrschen des Sulfatradikals. Es können merkliche Quantitäten von Sulfaten gelöst sein, was sich am Geschmack des Wassers erkennen läßt. Es sind oft merkliche Quantitäten freier Schwefelsäure vorhanden (Wasseranalyse Nr. 1).

Die Zusammensetzung der nicht kondensierbaren Gase ist Schwankungen unterworfen, welche jedoch (soweit meine Beobachtungen reichen und die Ungenauigkeiten der Feldanalyse ein Urteil zulassen) pro Feld lange nicht so groß sind, wie bei den später zu besprechenden subsolfatoid-laugoiden Hvergebieten. Zur Hauptsache dürfte die Gaszusammensetzung in den isländischen Solfataren midsolfatoid sein und gegen 20 % H_2S enthalten.

Trotz dem hohen Schwefelwasserstoffgehalt ist selbst in gut drainierten Lagen die Tendenz zur Ausbildung von typischen Solfataren mit entsprechend reichen Ablagerungen an S und Sulfaten nicht sehr groß. Dies hängt mit dem oberflächlichen Wasserreichtum zusammen. Es ist denkbar, daß in niederschlagsärmeren Gegenden des Nordlandes der Solfataren-charakter aus diesem Grunde ausgeprägter ist. In SW-Island fallen die löslichen Salze leicht der Abspülung anheim. Der Wasserreichtum erlaubt ferner die Bildung von Schlammpfuhlen usw. Der oberflächliche Wasser-reichtum ist vielleicht auch dafür verantwortlich, daß fast alle Austritte, auch die intensivsten, sich im Kondensationszustand befinden.

Eine Schwierigkeit, die sich der scharfen Ausscheidung von Solfataren und Acihveren in der vorliegenden Arbeit entgegenstellt, liegt im Um-stand, daß die vorliegende Klassifikationsweise nicht von Anfang an fest-stand, sondern sich erst mit der Zeit ergab. Die Unterteilungen mußten nachher vielfach auf Grund von Erinnerungen und Notizen vorgenommen werden. Die Acihvere haben mid- und subsolfatoiden Chemismus. Der Chemismus des Wassers ist ähnlich wie bei den Solfataren, jedoch erreicht die Azidität sowie auch die Konzentration an Sulfaten geringere Werte (Wasseranalysen 2 und 3, Tabelle S. 58/59).

Ein Hauptcharakteristikum der Acihvere, wie auch der Solfataren, ist der relativ geringe Wasserabfluß. Manche Schlammtöpfe haben überhaupt keinen Abfluß. Kochende Schlammpfuhle mit geringem Abfluß reagieren meistens noch schwach sauer (Wasseranalyse Nr. 2). Eine Begleiterschei-nung der Acihvere sind abflußlose bis abflußschwache Kessel, welche von trüben, milchigen bis gelblichen Wassern erfüllt sind (vermutlich reiner Schwefel). Solche Wasserkessel haben oft ziemlich niedrige Temperaturen; das Wasser ist stark sauer und kann unter dem Einfluß der aufsteigenden Gase brodeln (saure solfatoide Pseudohvere).

Die auffälligste Erscheinung im Bereiche der Acihvere sind die Schlammtöpfe, welche in zahlreichen und mannigfachen Formen auf-treten. Meistens sind sie mit einem bläulichen, heißen Schlamm gefüllt.

An Größe variieren sie vom kleinen Miniaturkesselchen mit Gasblasenspiel bis zu kochenden Schlammpfuhlen und Riesenkesseln von vielen Metern Durchmesser (Bild 14, Tafel VII). In solchen Kesseln kann eine schwarzbläuliche Wassermasse dauernd (Bild 9, Tafel V) oder alternierend sprudeln. Formen mit zäherem Schlamminhalt können ihren Inhalt oft meterhoch aufwerfen (Bild 1, Tafel I), wobei häufig zischende und gurgelnde Geräusche hörbar sind. Bemerkenswerte Schlammtöpfe findet man besonders im Hengillgebirge und bei Krisuvik.

Basihvere.

Sie zeigen alkalische Reaktion. Während bei den Acihveren selbst intensivere Vorkommnisse geringen Abfluß haben (wenige l/Min.), besitzen ausgesprochen alkalische Quellen durchwegs einen merklichen bis beträchtlichen Abfluß. Die Trübung des Wassers läßt nach, und es tritt mit zunehmender Alkalinität sehr bald kristallklares Wasser auf.

Chemisch gehören die Basihvere hauptsächlich dem subsolfatoid-laugoiden sowie laugoiden Absorptionsstadium an. Midsolfatoide Basihvere sind selten (Seltun) und kommen dann meist mit Acihveren zusammen vor.

In den subsolfatoid-laugoiden Hvergebieten läßt sich an Hand von Gasanalysen eine relativ große Variation der Gaszusammensetzung beobachten, indem typisch subsolfatoide Zusammensetzungen neben beinahe laugoiden Endabsorptionsstadien auftreten. In SW-Island gibt es zwei typisch subsolfatoid-laugoide Hvergebiete, nämlich die Hvergruppen um Hveragerdi und die Hvergruppen vom Großen Geysir.

Zu den laugoiden Hveren habe ich in der Statistik auch solche Vorkommnisse gerechnet, wo die Gase noch geringere Prozentsätze von CO_2 enthalten. CO_2 ist allerdings in den von uns untersuchten Beispielen meist nur noch in Resten nachweisbar. H_2S macht sich volumenprozentisch überhaupt nicht mehr bemerkbar, geringe Reste dieses Gases lassen sich am Geschmack des Wassers erkennen, manchmal auch am Geruch, und sind mit Bleiazetat häufig nachweisbar.

Nach den Untersuchungen von *Day* und *Allen* im Yellowstonepark (1935) sind in Bezirken mit laugoiden Absorptionstendenzen die Wasser mit Bikarbonatvormacht und einem relativ grossen Chlorgehalt charakteristisch. Die von uns ausgeführten Wasseranalysen sind nicht genügend zahlreich, um ein statistisches Bild der für Island typischen Verhältnisse zu vermitteln. Unter den Wasseranalysen hat Nr. 4 einen solchen Typus. Nr. 5 entspricht einem Typus, wo bereits Chlorvormacht herrscht. Die Gasanalyse zeigt im ersten Fall ein kohlensäurereiches Gas von midsolfatoider Zusammensetzung; im zweiten Falle ist der Kohlensäuregehalt des Gases schon merklich herabgesetzt (laugoider Typus). (Gasanalyse Nr. 3). Das Sulfatradikal tritt in Island wie auch im Yellowstonepark in diesen Wassertypen stark zurück. Im grossen ganzen scheint der Wassertypus in Islands Geysirgebieten ähnlich zu sein wie der im Yellowstonepark. Bei den laugoiden Absorptionszuständen sinkt der Karbonatgehalt rasch, vermutlich weil die Bikarbonate in der Tiefe ausfallen, und es stellt sich dann häufig Chlorvormacht ein. Offenbar erfolgt gleichzeitig eine zunehmende Verwässerung.

Dauernde K o c h q u e l l e n gibt es viele. Die grössten sind diejenigen von Deiltartunga (Nr. VI/25), welche gegen 200 l/Sek. kochendes Wasser liefern. Fast alle Kochquellen sind mehr oder weniger alternierend, wenn man sie genauer beobachtet; es kommt zu Wassersprudeln, wobei der Abfluß meistens stark steigt, ja direkt Wasser aus dem Becken ausgeworfen wird. Wenn die Sprudeltätigkeit aufhört, ist der Wasserspiegel stark gesunken und fängt dann langsam wieder an zu steigen. Bei erneut vollem Becken, und wenn der Abfluß wieder einsetzt, kommt nach und nach auch die Sprudeltätigkeit wieder in Gang. Typische alternierende Kochquellen sind Swadi (Nr. I/44, Bild 4, Tafel III) und Badstofuhver (Nr. I/46) in Hveragerdi, ferner der Reykholtshver (Nr. V/14). Auch die Quelle Nr. V/32 soll eine Sprudelquelle sein. Bei künstlichen Wasserfassungen kann man beobachten, daß beim Wasserablassen aus der Fassung die Quelle zu sieden beginnt und mehr Abfluß erhält. Beim Aufstau setzt das Sieden aus und der Abfluß wird geringer (Quelle in der Gärtnerei von Herrn *Sigurdur Sigurdsson*, Hveragerdi).

Die Geysirbildung ist nur ein verlangsamter, dafür aber um so intensiverer alternierender Kochakt in tiefen Wasserbecken. Heute gibt es in SW-Island nur zwei Gebiete mit typischen und regelmäßigen Geysirerscheinungen, nämlich die Gebiete von Hveragerdi (Nr. I/43—50) und dem Großen Geysir (Nr. V/20).

Es können Geysire durch künstliche Eingriffe erzeugt werden, sobald über Wasserspalten oder in Wasserbecken entsprechende Entlastungsmöglichkeiten geschaffen werden (Wegräumen des Deckenmaterials, Absenken des Wasserspiegels usw.). In Hveragerdi kennt man zwei solcher neuer Geysire, welche künstlich geschaffen wurden (Geysir Bogi I und II). Der Boden im Bereich von solchen Geysirgebieten enthält offenbar große Mengen aufgeheizten Grundwassers, welches bei jeder sich bietenden Gelegenheit in geysirartigen Erscheinungen ausbrechen kann. Während des starken Erdbebens von 1896 erfolgte in Hveragerdi einer der gewaltigsten Geysirausbrüche der Welt, die geschichtlich belegt worden sind. Der Geysirausbruch setzte nachts 2 Uhr mit fürchterlichem Getöse ein und soll bei Tagesanbruch immer noch eine Wassersäule von 200—300 m

	Nr.	Lokalität	Temp.	Nr.	pH	Säure[1]	
Sulfattyp	1	Krisuvik Solfatara	K	II/3	2,1	11,5	
	2	Nyi Hver, Krisuvik	K	II/1	3,9	0,14	
	3	Torfajökull	K	IV	3,9	0,18	
Alkalische Quellen	4	Seltun, Krisuvik	81,5°	II/2	7,2	—	
	5	Hveragerdi Quelle (Sigurdsson)	K	I/48	8,7	—	
	6	Laugarás, an der Hvitá . . .	K	V/10	8,6	—	
	7	Reykholt, Borgarfjord . . .	K	VI/31	8,7	—	
	8	Sudur Reykir, Bohrloch . . .	88°	VII/5	8,5	—	
Kohlensäuerlinge	9	Reykjadalur, Hengill	67°	I/28	6,9	—	
	10	Middalur Hengill	23°	I/22	6,7	—	
	11	Lysuhólslaug, Snaefellsnes . .	32°	VIII/11	6,8	—	
	12	Stadastadir, Snaefellsnes . . .	ca. 8°	VIII/10	6,7	—	
	13	Bjarnafoss, Snaefellsnes . . .	8°	VIII/14	6,7	—	
	14	Lomakot, Olafsvik Snaefellsnes	8°	VIII/19	6,4	—	
	15	Olafsvik, Snaefellsnes . . .	8°	VIII/17	3,2	—	
	16	Raudamelur, Snaefellsnes . .	8°	VIII/5	4,9	—	

	Nr.	N_2O_5	Org. Subst. mg Sauerstoff-verbr. pro l	Gesamt-härte	Na_2CO_3 mg/l	Aussehen des Filtrats	Nieder-schlag	Geruch	
Sulfattyp	1	Sp.	—	32,5	0	Opal gelblich	wenig	rein	
	2	0	1,3	35,8	0	Opal	viel, bleigrau	rein	
	3	0	0,9	0,9	0	Opal	viel, schmutzig, grau	verdorben, H2S	
Alkalische Quellen	4	0	10,0	9,4	98	Opal	wenig, schmutz., grau	Kloake	
	5	0	0,8	5,0	26	klar	sehr wenig	schwach, Kloake	
	6	0	0,5	0,9	45	klar	0	rein	
	7	0	0,8	0,5	73	klar	Spur	rein	
	8	0	0,2	0,9	46	klar	0	rein	
Kohlensäuerlinge	9	0	0,2	16,9	46	Opal	Spur	rein	
	10	0	0,2	45,0	0	klar	wenig (Fe+SiO2)	rein	
	11	0	0,2	21,0	896	klar	0	rein	
	12	0	1,2	38,0	966	klar	wenig	rein	
	13	0	0,4	64,0	893	klar	wenig	nach Humus	
	14	0	0,6	44,6	120	klar, CO2 Entwickl.	wenig	rein	
	15	0	1,7	0,6	6	klar, gelblich	wenig	nach Humus	
	16	0	1,1	0,3	8	klar	0	rein	

(Analytiker: E. Helm)

Base[1]	Abdampf-Rückstand mg/l	Glüh-rückstand mg/l	SiO$_2$ mg/l	Fe$_2$O$_3$ Al$_2$O$_3$ mg/l	Fe$_2$O$_3$ mg/l	Al$_2$O$_3$ mg/l	CaO mg/l	MgO mg/l	SO$_3$ mg/l	Cl mg/l	CO$_2$ mg/l	N$_2$O$_3$ mg/l
—	2670	1350	399	398	240	358	185	100	1337	5	0	Sp.
—	1408	1126	290	159	50	109	180	127	554	3	0	0
—	117	57	1	3	—	—	6	2	20	1	0	0
5,20	527	354	134	4	—	—	41	38	15	20	114	0
2,28	756	480	287	3	—	—	4	33	62	171	50	0
1,16	361	265	58	3	—	—	6	2	42	51	26	0
1,55	423	377	235	45	—	—	1	3	40	34	34	0
1,19	200	153	22	3	—	—	3	4	12	12	26	0
6,91	580	404	135	89	3	86	110	42	17	7	152	0
4,38	1038	675	138	7	—	—	345	75	2	3	96	0
24,4	1645	1321	211	86	—	—	146	46	27	72	537	0
31,8	2173	1830	103	7	—	—	268	80	72	192	700	0
39,7	2233	1421	170	16	—	—	174	333	5	59	873	0
18,2	912	523	9	9	6	3	102	246	2	9	400	0
0,33	64	30	3	3	—	—	5	1	3	13	7	0
0,25	56	36	3	3	—	—	4	1	1	12	6	0

[1] Milliäquivalente pro Liter (= Indikator Methylorange)

Geschmack	Wasser-abfluß l/Sek.	Typus	Solfathermaler Chemismus
stark sauer	gering	Solfatara	midsolfatoid
ziemlich rein (Fe)	gering	Acihver	midsolfatoid
ungenießbar	gering	Acihver	mid-subsolfatoid
wie 3	0,02	Pseudohver	midsolfatoid
wie 3	0,22	Basihver	subsolfatoid-laugoid
rein	44	Basihver	laugoid
rein	beträchtlich	Basihver	laugoid
rein	ca. 100	Therme	laugoid
alkalisch	80	Pseudohver	mofetoid
sauer-bitter	1,8	Therme	mofetoid
zieml. rein, salzig, bitter	0,5	Pseudohver	mofetoid
sauer-bitter	0,01	Kohlensäuerling	mofetoid
sauer-bitter	0,07	Kohlensäuerling	mofetoid
sauer-bitter	0,2	Kohlensäuerling	mofetoid
unrein	0,015	Kohlensäuerling	mofetoides Oberflächenwasser
sauer-bitter	?	Kohlensäuerling	mofetoides Oberflächenwasser

Höhe gespien haben. In den folgenden Tagen war alles wieder ruhig, und dieser seither nicht mehr tätige Erdbebengeysir hat nur ein großes, zirka 6 m tiefes, klares Wasserbecken hinterlassen. Ich erkläre mir diese Erscheinung dadurch, daß das Erdbeben Bodenrisse erzeugte, welche plötzliche Entlastungsvorgänge in größere Tiefen brachten, so daß der Grundwasserkörper zum geysirartigen Ausbruch kam. Während unseres Aufenthaltes in SW-Island gab es neben den bereits erwähnten vier alternierenden Kochquellen noch sieben als tätig bezeichnete Geysire (Geysir, Operishola, Smidur in Haukadalur; Gryla, Spytir, Bogi I und II in Hveragerdi).

Kondensiertes Stadium.

Exhaletten.

Wir sind nur einer einzigen derartigen Erscheinung begegnet im Hengillgebirge (Nr. I/5); diese Exhalette fällt auf, weil sie in einem Bachbette auftritt. Im allgemeinen werden Exhaletten nur bei sehr genauer Kenntnis des Terrains beobachtet, weil man sie ja meistens nicht sehen und auch nicht riechen kann. Daß Exhaletten auch auf Island häufig vorkommen, zeigen die Beispiele von Erstickungen in Höhlen, von denen *Thoroddsen* berichtet.

Pseudohvere.

Pseudohvere mit solfatoider Gaszusammensetzung treten, wie bereits angeführt, als Begleiterscheinung bei manchen Acihveren auf.

Erwähnenswert als selbständige Gruppe sind die mofetoiden Pseudohvere. Davon gibt es verschiedene Varianten. Die Pseudohvere im Hengillgebirge haben einen großen Wasserabfluß. Besonders bedeutsam sind die Quellen im oberen Reykjadalur, welche gegen 80 l/Sek. Wasser von 60° fördern (Nr. I/28, Bilder Nrn. 5 u. 6, Tafel III). Die hohe Temperatur verhindert hier, daß die Kohlensäure sich in starkem Maße im Wasser löst. Kalte Pseudohvere gehen deshalb meistens in Kohlensäuerlinge über, wobei der pseudohverartige Charakter naturgemäß nachläßt. Auch hierbei muß man unterscheiden zwischen aszendierenden Kohlensäuerlingen, welche vermutlich juveniles Tiefenwasser mitführen, und Kohlensäuerlingen, die dadurch entstehen, daß Mofetten Oberflächentümpel und Oberflächenwasser durchstoßen. Ein schöner Pseudohver von diesem letzteren Charakter ist die « Bierquelle » von Raudamelur (Nr. VIII/5).

Es wäre noch zu erwähnen, daß sich bei den mofetoiden Pseudohveren häufig kleinere Kalksinterablagerungen in Form von Kegeln und Terrassen vorfinden.

Laugoide Pseudohvere sind nach der Absorptionstheorie eigentlich nicht zu erwarten, da der Stickstoff ein Restgas ist, das im Verhältnis zur Gesamtmasse des Wassers nur einen sehr geringen Anteil hat. Dementsprechend haben laugoide Quelltypen tatsächlich fast immer nur einen relativ geringfügigen Gasgehalt. Ein Unikum ist in dieser Hinsicht das Vorkommnis von Stóri Ás (Nr. VI/36), wo Stickstoffgase aus einem Austritt immerhin so häufig auftreten, daß ein einigermaßen pseudohverartiger Effekt erzielt wird. Da aber die Quelle viel Wasser führt und nur ein Austrittsloch von vielen diesen auffälligen Gasgehalt zeigt, erklärt sich dieses Phänomen offenbar durch eine Konzentration des Gesamtgasaufstieges hauptsächlich auf eine Quellstelle.

Thermen.

Die häufigen Thermen SW-Islands sind meistens laugoider Natur und schließen auch im Chemismus ihres Wassers direkt an die laugoiden Hvere an. Kohlensäurereste können im Quellgas meist nicht mehr gefunden werden. Dementsprechend sinkt der Bikarbonatgehalt des Wassers auf relativ geringe Werte. Überhaupt ist die Mineralisierung der laugoiden Hvere und Thermen relativ gering, was auf eine starke Vermischung mit oberflächlichem Bodenwasser schließen läßt (Wasseranalysen Nrn. 6, 7, 8). Diese Feststellung trifft jedoch möglicherweise auf einige Thermen der Snaefellsneshalbinsel (zum Beispiel VIII, 1, 4) nicht zu. Da diese Quellen nicht näher untersucht wurden, kann ich jedoch darüber nichts Bestimmtes mitteilen.

F. Theoretische Folgerungen.

Temperaturverhältnisse.

Trotzdem in Island zum Teil nicht sehr fortgeschrittene Absorptionsstadien unter den Solfathermen zu beobachten sind (midsolfatoid), gibt es
keine typischen Fumarolen. Die heissesten Typen gehören schon mehr
dem Übergangsstadium zum Kondensationszustand, das heißt den Soffionen
an. Vermutlich erklärt sich dies durch den großen Wasserreichtum der
oberflächlichen Schichten. Auf der niederschlagsreichen, relativ kühlen
Insel ist es unvermeidlich, daß die solfathermalen Quellen überall in Kontakt mit reichlichem kalten Bodenwasser kommen. Durch Wasserkontamination sinkt deshalb die Temperatur sehr rasch auf das Kondensationsniveau herab.

Die Quellstatistik Islands gibt eine vortreffliche Bestätigung für die
Tatsache, daß die magmatischen Destillate sehr wasserreich sein müssen.
Wenn nämlich das Wasser dabei nicht wichtig wäre und die Wasserdampfkondensation keine großen Kaloriemengen (536 Kal.) liefern könnte, so
wäre es unmöglich, daß so viele Quellen (zirka 50 Prozent) sich gerade
im Kondensationszustand befinden. Die Thermen treten mit verschiedensten Temperaturen zutage, weil die verschiedensten Mischungsmöglichkeiten mit kaltem Bodenwasser bestehen.

Die Beziehungen zwischen sauren und basischen Quellen.

Es muß betont werden, daß die naheliegende Ansicht nicht zutreffend
ist, wonach der Umschlag von saurer zu basischer Reaktion in Abhängigkeit von der Konzentration von H_2S in den Quellgasen erfolgt. Selbstverständlich dürften H_2S-reiche Quellen im Prinzip leichter sauer reagieren
als H_2S-arme Quellen, weil größere Möglichkeiten zur Schwefelsäurebildung bestehen. In Island können aber selbst midsolfatoide Acihvere und
Solfataren von basischen Quellwassern begleitet sein. Ein Beispiel bildet
das Quellgebiet von Seltun bei Krisuvik (Nr. II/2). Da die basischen
Quellen durchwegs dadurch ausgezeichnet sind, daß sie im Vergleich zu
sauren Quellen eine viel größere Wassermenge fördern, muß man schließen,
daß diese größere Wassermenge die Säuerung verhindert. Freier Sauerstoff,
welcher die Oxydierung des Schwefelwasserstoffs zur Säure herbeiführt,
tritt in der solfathermalen Gasphase nicht auf. Die Oxydation des Schwefelwasserstoffes muß deshalb von beigemengter Oberflächenluft herrühren.

Es ist leicht einzusehen, daß die Quellen, welche in einem Grundwassermantel oder durch ihr eigenes Kondenswasser geschützt zur Oberfläche aufsteigen, gegen eine Kontamination durch Bodenluft relativ gut abgeschirmt sind. Die alkalischen Tiefenbedingungen des Begleitwassers erhalten sich in solchen Fällen bis an die Oberfläche. Demgegenüber sind diejenigen Gas- und Dampfaustritte, welche durch unterirdischen Wasserabfluß der Luftkontamination im Boden zugänglich werden, einer weitgehenden Oxydation der Schwefelwasserstoffphase ausgesetzt. Es bildet sich ein saurer Sulfathut über dem tieferliegenden basischen Aufstieg.

Die Richtigkeit dieser Ansicht wird auch durch die Zusammensetzung der Quellwasser erwiesen. Das in den Solfataren und Acihveren vorhandene spärliche Wasser kann nach obigem kein oder nur wenig juveniles Aszendenzwasser enthalten. Es wird wegen der Oxydationsmöglichkeit des Schwefelwasserstoffes jedoch neben freier Schwefelsäure vor allem Sulfatradikale in oft recht beträchtlichen Konzentrationen aufweisen (siehe Wasseranalysen Nrn. 1—3, S. 58/59).

Das aus der Tiefe aufsteigende Aszendenzwasser ist normalerweise durch Chloridgehalt gekennzeichnet (siehe später). Die Wasseranalysen 4—7 und 11—13 kennzeichnen solche Typen (S. 58/59).

Unsere Studien in Island zeitigten ganz analoge Ergebnisse, wie sie von *Day* und *Allen* für den Yellowstonepark gefunden wurden (1935) und wie sie neuerdings auch von *Grange* aus der neuseeländischen solfathermalen Region beschrieben werden (1937). Acihvere und Solfataren bilden einen sauren Oxydationssulfathut, welcher einer vermutlich alkalischen Tiefenaszendenz aufsitzt. Durch Bohrungen hat man im Yellowstonepark solche Verhältnisse direkt nachweisen können (*Fenner*, 1936). Bei der Erklärung legen *Day* und *Allen* besonderes Gewicht auf die Rolle des vadosen Wassers. Sie sprechen von tiefgehender alkalischer und seichter saurer Wasserzirkulation. Es scheint mir, daß diese Begriffe über die Wasserzirkulation die maßgebenden Faktoren, welche die Existenz von sauren und basischen Quellen festlegen, vielleicht nicht sehr glücklich erfassen. Nach den Beobachtungen in Island hat man den Eindruck, daß der Sulfathut in einigen Fällen nur die obersten paar Meter des Aufstieges darstellt, wo das begleitende Aszendenzwasser der Dampf- und Gasphase nicht mehr zu folgen vermag. Dabei kann man den Abfluß des basischen chloridhaltigen Tiefenwassers zum Beispiel gerade bei Seltun in großer Nähe und auch nur wenige Meter tiefer gelegen feststellen. Es kann also in diesen Fällen von einer vadosen Wasserzirkulation im Sulfathut überhaupt keine Rede sein. Ferner scheint es mir gewagt, den Geysirgebieten eine tiefgehende vadose Wasserzirkulation zuzusprechen. Ich glaube vielmehr, und werde später darauf noch eingehender zurückkommen, daß bei den Geysirgebieten nur eine relativ seichte vadose Wasserzirkulation die starke Verwässerung herbeiführt. Was den Chloridgehalt anbelangt, so hat derselbe meines Erachtens nichts mit der Tiefe der vadosen Zirkulation zu tun, sondern er beweist nur, daß juvenile Kondensatanteile, welche immer den Chlorgehalt nach oben bringen, den Quellwassern beigemischt sind. Über die Tiefe der vadosen Zirkulation wird durch den Chloridgehalt überhaupt nichts ausgesagt.

Der Umstand, ob saure oder basische Quellen auftreten, ist in den meisten Fällen eine ziemlich oberflächliche Angelegenheit. Ich möchte sogar vermuten, daß es möglich wäre, einen solfatoiden Basihver durch Absenken seines Wasserspiegels um einige Meter in einen Acihver zu verwandeln. In Island hat man den Eindruck, daß alle Basihvere unter oder im gegebenen normalen Quellhorizont resp. auch im Niveau des lokalen Grundwassers austreten. Bis zu diesem Horizont muß natürlich auch der juvenile Kondensatanteil mit den gelösten Chlorradikalen aufsteigen. Die typischen Acihvere und Solfataren liegen deutlich über diesem normalen Quellenniveau. Alle diejenigen Quellen, welche ziemlich genau auf dem örtlichen Quellhorizont oder wenig über demselben austreten, sind gemischte Quellen, das heißt sie enthalten Acihvere und Basihvere nebeneinander in enger Vergesellschaftung. Beispiele für so gemischte Quellen bilden Seltun bei Krisuvik (Nr. II/2), Hveragerdi (I/41 u. 43—50) und das Gebiet des Großen Geysirs (V/20).

Es ist möglich, daß in trockeneren Regionen als Island die Niveaugrenzen etwas anders gelegen sind. Es scheint mir, daß die Ausführungen und Ansichten von *Day* und *Allen* sich mit der obig skizzierten Auffassung decken, wenn man den Begriff tiefe Zirkulation so versteht, daß damit die Wasserzirkulation unter dem Grundwasserspiegel resp. dem Quellenhorizont gemeint ist, gleichgültig, wie tief nun diese Zirkulation im Einzelfalle sei. Die seichte Zirkulation müßte man dann durch die Wasserbewegungen definieren, welche oberhalb des Grundwasserspiegels erfolgen und wobei oft nur Kondenswasser und lokales Regenwasser im Spiele ist. Aus dem Studium des Werkes über den Yellowstonepark habe ich allerdings den Eindruck, daß möglicherweise *Day* und *Allen* noch etwas andere Vorstellungen mit den Begriffen tiefer und seichter Zirkulation verknüpfen, als meiner Auffassung entspricht.

Über das Zustandekommen chemisch heterogener Quellassoziationen.

Es ist bekannt, daß die Gaszusammensetzungen der Solfathermen aus verschiedenen Gebieten sehr stark heterogen sein können. Die eingehenderen Untersuchungen einzelner Quellgebiete zeigen dagegen chemisch relativ wenig variierende Gaszusammensetzungen (S. 11/12). In der Literatur finden sich hauptsächlich zwei Erklärungen als Ursachen der heterogenen Gaszusammensetzungen angeführt:

1. Es wird angenommen, daß verschiedene Magmen auch eine verschieden zusammengesetzte Gasphase abgeben.

2. Es wird angenommen, daß während der Erkaltung eines Magmakörpers infolge fraktionierter Destillation sukzessiv verschiedene Gaszusammensetzungen auftreten. Im speziellen sollen in den anfänglichen Destillationsphasen Halogenide und Schwefelverbindungen abwandern. Bei kühlern Stadien destillieren mehr die Schwefelverbindungen ab, und in den Schlußstadien der magmatischen Exhalation dominieren Kohlensäuregase.

Die Vorstellung einer fraktionierten Destillation scheint manche Verhältnisse recht gut zu erklären, so daß derartige Ansichten sich noch jetzt in den Lehrbüchern behaupten. Ohne die Möglichkeit einer fraktionierten Destillation zu bestreiten, glaube ich doch, nach meinen Beobachtungen aus Island und auch von anderswo, daß das Entstehen der hauptsächlichsten chemischen Typen, welche die Solfathermen kennzeichnen, ganz anders erklärt werden muß.

Die Insel Island ist als Ganzes ein typisch chemisch heterogenes Solfathermalgebiet, in dem sehr viele von den bekanntgewordenen chemischen Haupttypen heißer Quellen auftreten. Die meisten dieser Quellen dürften von basaltischen Magmen abstammen, einige wenige auch von Lipariten. Abgesehen von einem wesentlich höheren Wassergehalt zeigen die heißen Quellen aus den liparitischen Zentren des Torfajökulls eine ähnliche Zusammensetzung der nicht kondensierbaren Gasphase, wie man sie auch bei den basaltischen Magmen feststellen kann. Die sehr charakteristischen Schwankungen des Chemismus der nicht kondensierbaren Gasphase können deshalb schwerlich mit einer Abstammung von verschiedenen Magmen erklärt werden, wodurch die vorstehend angeführte Erklärung 1 sehr fragwürdig wird.

Auch die Erklärung 2 kann schwer aufrechterhalten werden angesichts der ausgesprochen heterogenen Zusammensetzung der nicht kondensierbaren Gasphase im Hengillgebirge. Man müßte dann eine einigermaßen komplizierte Annahme machen über das Vorhandensein von verschieden abgekühlten Magmakörpern im Untergrunde. Eine Analyse der Verhältnisse zeigt eine ganz auffällige Abhängigkeit des Chemismus von den Wasserverhältnissen des Untergrundes, so daß man sehr bald zur Überzeugung gelangen muß, daß der heterogene Chemismus auf Veränderungen zurückzuführen ist, die sich während des Aufstieges auf eine vermutlich ursprünglich ungefähr gleiche Gaszusammensetzung ausgewirkt haben.

Im übrigen ist die Theorie der fraktionierten Destillation, mindestens in der Form, nach der sie die solfathermalen Gaszusammensetzungen erklären soll, schon durch neuere Beobachtungen an aktiven Vulkanen, flüssigen Laven usw. überlebt. Solche Magmakörper befinden sich, wie schon die gemessenen Temperaturen und der Kristallgehalt zeigen, an der Erdoberfläche in verschiedensten Abkühlungsgraden. Die auftretenden Gaszusammensetzungen sind immer halogen-solfatoid. Es ist nirgends bekannt, daß bei vulkanischen Ausbrüchen wirklich halogenfreie oder sogar schwefelfreie Exhalationen bei einwandfreien mehrprobigen Untersuchungen nachgewiesen wurden. Es kann deshalb mit Sicherheit angenommen werden, daß alle Destillationsprodukte des Magmas halogen-solfatoide Zusammensetzung haben, wobei es natürlich sehr gut möglich ist, daß infolge von Erscheinungen fraktionierter Destillation usw. die genauere Gaszusammensetzung merklichen Schwankungen unterworfen ist.

Der Aufstiegsweg der solfathermalen Gase und Lösungen in der Erdkruste gleicht einem chemischen Absorptionsturm, in welchem die aktiven Bestandteile der Gasphase mit den Bestandteilen der durchwanderten Gesteine in Reaktion treten. Soweit die entstehenden Verbindungen nicht löslich oder bei vaporiden Zuständen nicht flüchtig sind, werden sie niedergeschlagen. Nur Verbindungen, die sich gasförmig erhalten oder die im mitaufsteigenden Kondensat löslich sind, erreichen die Erdoberfläche. Es ist klar, dass die Absorptionsveränderungen sich dabei um so verstärkter auswirken müssen, je weiter der Weg ist. Von den Fluorverbindungen wissen wir, daß die flüchtige Form (HF) chemisch sehr aktiv ist, und daß diese raschentstehenden Fluoride im allgemeinen im Wasser, besonders bei tieferen Temperaturen, schwer löslich sind. Das Fluorradikal kann deshalb nur bei relativ kurzen Aufstiegswegen die Erdoberfläche in merklichen Quantitäten erreichen. Ganz anders verhält sich das Chlor. Es ist ebenfalls ein chemisch hochaktives Element und verbindet sich sehr rasch zu Chloriden. Die Alkalichloride, welche sich bilden, sind einesteils in sublimiertem Zustande leicht flüchtig, andernteils in entstehendem Kondensatwasser leicht löslich. Aus diesen Gründen ist das Chlorradikal ein fast hundertprozentiger Durchläufer beim solfathermalen Aufstiege. Es muß deshalb der Konzentration des Kondenswassers an Chlorradikalen die allergrößte Beachtung geschenkt werden, wenn man sich ein Urteil bilden will, inwieweit eine juvenile Aszendenz durch Wasserkontamination und durch Verluste des Kondensats beim Aufstieg verändert worden ist. So beweist zum Beispiel die Wasserzusammensetzung von Solfataren und

Acihveren, daß es sich um unvollständige juvenile Aszendenzen handelt, wobei das juvenile Kondensatwasser größtenteils unter der Oberfläche weggeflossen ist. Natürlich werden die Verhältnisse komplizierter, wenn Kontaminationen mit Chlorradikalen beim Aufstiege möglich sind. Was Island anbelangt, glaube ich, daß mit Ausnahme einiger meeresnaher Vorkommnisse, wie zum Beispiel Kap Reykjanes, das Chlorradikal in den solfathermalen Quellwassern als magmatisch angesprochen werden muß.

Als solfathermaler Durchläufer darf vermutlich auch der Stickstoff angesprochen werden, welcher in Form von N_2, NH_3 und NH_4Cl die Erdoberfläche erreichen kann. Die an heißen Quellen ausgeführten Gasanalysen zeigen jedoch unzweideutig, daß in den oberen Erdzonen die Kontamination mit Bodenluft so stark wird, daß die festgestellten Stickstoffbeimengungen in vielen Fällen weitgehend aus Luftstickstoff bestehen.

Was die Anwesenheit von H_2 und Kohlenwasserstoffverbindungen anbelangt, so besteht heute noch eine ziemliche Unsicherheit, inwieweit diese Gase magmatischer Aszendenz sind und inwiefern sie durch Reaktionen während des Aufstieges entstehen und vermutlich auch verschwinden können.

Die verbleibenden Hauptrestgase der magmatischen Destillation, d. h. Schwefel und seine Verbindungen sowie Kohlensäure, fallen im Laufe des Aufstieges einer allmählichen Absorption anheim. Dies gilt vor allem für die Schwefelverbindungen, welche in der Tiefe als Sulfide und in einigen Fällen auch als schwer lösliche Sulfate niedergeschlagen werden. Je länger der Absorptionsweg, desto geringer sind schließlich die an der Oberfläche beobachtbaren Gasreste. CO_2 ist demgegenüber ein sehr viel besserer Durchläufer. Es scheint, daß sich erst in relativ kühleren Temperaturbereichen näher der Oberfläche ein fühlbarer Niederschlag in Form unlöslicher Karbonate geltend macht.

Die Folgerungen und Berechnungen, welche sich an Hand der Absorptionstheorie über die Zusammensetzung der möglichen Gasphasen ergeben, habe ich andernorts dargelegt (1937). Man kann sehr leicht erkennen, daß durch sukzessive Absorption nach und nach alle diejenigen Gaszusammensetzungen entstehen müssen, welche aus den verschiedensten Solfathermalgebieten der Erde bekannt geworden sind. Der Umstand, daß normalerweise ein bestimmtes Solfathermalareal eine homogene Gaszusammensetzung hat, läßt darauf schließen, daß vor allem die Länge des Aufstiegsweges dafür maßgebend ist, welcher Absorptionstypus erreicht wird. Die Verhältnisse in Island zeigen nun aber, daß lokal besondere Faktoren wirken, welche das harmonische Bild einer sukzessiven Partialabsorption stören, und daß die Absorption auch noch andere Wege einschlagen kann, welche zu heterogenen Gasgemischen auf engem Raume führen können. Man stellt dabei eine Tendenz zur gleichzeitigen Totalabsorption aller einigermaßen chemisch aktiven Gasbestandteile fest. Es bestehen in der Natur offenbar zwei Entwicklungsmöglichkeiten (*Sonder* 1937), nämlich:

a) sukzessive Partialabsorption, welche schließlich zu macaluben Endstadien führt (Kohlenwasserstoffe, Kohlensäurereste und N_2),

b) gleichzeitige Totalabsorption der aktiven Gase, welche alles bis auf N_2 und Edelgase verschwinden läßt (laugoides Endstadium).

Da in Island der zweite Fall der häufigste ist, will ich mich zuerst damit befassen.

Gleichzeitige Totalabsorption der chemisch aktiven Gase.

Im Hengillgebirge, wo die chemisch heterogenen Quellassoziationen besonders ausgesprochen sind, enthält der besser drainierte Gebirgskörper vorzugsweise Solfataren und Acihvere sowie Soffionen. Gegen die Niederungen stellen sich die wasserreicheren Basihvere ein. Mit diesem Abstieg sind gleichzeitig auch chemische Veränderungen verbunden, welche aus der beistehenden Tabelle einiger ausgewählter Analysen ersichtlich sind.

Quelle	Örtlichkeit	Höhe m ü. M.	H_2S	CO_2	$H_2,$ CH_4	N_2	Analytiker
I/1	Hveralid	360	17,4	76,6	2,1	3,9	Thorkelsson
I/11	NE-Flanke Hengill .	350	11	67	18	4	Thorkelsson
I/33	Gröndalur	100	12,3	62,3	10,6	14,8	Zürcher
I/43	Hveragerdi	50	2,2	92,4	0,3	5,1	Thorkelsson
I/50	Hveragerdi	35	Spur	58,4	5,3	36,3	Zürcher
I/28	Reykjadalur . . .	270	0	86,0	0	14	Zürcher

(Analysen unter Reduktion des Luftgehaltes berechnet.)

Man sieht aus dieser Tabelle, daß die höchsten Quellen midsolfatoiden Chemismus haben. Gegen die Talsohle hin stellt sich subsolfatoider Chemismus ein, und in den tiefsten Stellen bei Hveragerdi befindet man sich, in der Talsohle selbst, in einem subsolfatoid-laugoiden Quellgebiet. Eine Ausnahme in dieser Normalserie bilden die wenigen mofetoiden Pseudohvere, welche sich in höheren Lagen im Hengillgebirge finden und von welchen ein Typ am untern Ende der Tabelle aufgeführt worden ist.

Ich sehe vorerst von dem Sonderfall des mofetoiden Chemismus ab und beschränke mich auf die Verhältnisse, die sich bei dem Übergang von midsolfatoidem zu subsolfatoid-laugoidem Chemismus beobachten lassen. Es zeigt sich, daß für die höheren Lagen selbst größere Niveauunterschiede keine beträchtlichen Unterschiede im Chemismus mit sich bringen. Sehr starke Veränderungen treten erst mit Annäherung und Eintritt in die tiefsten Talsohlen auf. *Thorkelssons* Analysen (1930) an den Quellen von Hveragerdi haben dort bei geringer Entfernung beträchtliche Unterschiede im Gaschemismus aufgezeigt. In der Regel scheinen dort die Quellen, welche randlich zur Talsohle resp. an erhöhter Lage auftreten, mehr subsolfatoiden Charakter zu haben, während sich gegen die eigentliche Talsohle hin starke chemische Verschiebungen zu halbwegs laugoiden Typen geltend machen. (Siehe die zwei Analysen Hveragerdi obiger Tabelle.) Alles deutet meines Erachtens darauf hin, daß die Ursache dieser Veränderung das Grundwasser des Talbodens ist. Auch im Quellgebiet von Seltun zeigt die auf Seite 34 angeführte Analysenserie eine ähnlich rasche Änderung zu stickstoffreichen Restgasen, wenn man gegen den flachen Talboden fortschreitet. Starke Veränderungen der Quellgase bestehen nach den von mir vorgenommenen Feldanalysen im Quellgebiet des Großen Geysirs (solfatoid nach laugoid). Alle diese genannten Gebiete liegen in Zonen voller tiefliegender Tümpel und stagnierendem oder auch schwach fließendem Wasser. Es wird dadurch angezeigt, daß Wassermassen, das heißt ein Grundwasserkörper, in dem porösen Untergrunde vorhanden sind. Auch der Geysirausbruch, der in Hveragerdi infolge eines Erdbebens erfolgte (siehe S. 57), spricht für solche Wasserverhältnisse.

Der Wasserkörper, welcher diese großen chemischen Änderungen auslöst, kann aber in all diesen Fällen kaum sehr tiefgründig und groß sein. Schon die raschen Änderungen im Chemismus der Gase von Quelle zu Quelle sprechen für relativ oberflächliche Störungen. Außerdem befindet sich der Talboden bei Hveragerdi, wie auch an andern Orten, wo ähnliche Erscheinungen auftreten, immer noch in einer relativ erhöhten Lage, so daß angenommen werden muß, er enthalte einen fließenden, nicht allzu tiefen Grundwasserkörper. Die eigentlichen Niederungen, wo wirklich sehr reichliches Bodenwasser angenommen werden kann, liegen noch weiter talwärts. Eine solche Tiefenlage hat beispielsweise das Quellgebiet von Hvitá-Pjorsá, mit Ausnahme des Geysirgebietes. Alle Quellen dieser tieferen Lagen haben praktisch rein laugoiden Typus.

Auf den ersten Blick scheint ein Widerspruch darin zu liegen, daß in den Niederungen mit tiefen Grundwasserkörpern dauernd tätige Kochquellen vorhanden sein können, während für das Zustandekommen der Geysire ein weniger tiefer Grundwasserkörper angenommen wird. Für den tieferen Grundwasserkörper der Niederungen spricht die Tatsache, daß dort das Absorptionsstadium meist rein laugoid ist, während bei den Geysiren durchwegs subsolfatoid-laugoide Zwischenstadien auftreten. Demgegenüber muß jedoch ein dauerndes Kochen eher als ein thermisch inten-

siveres Stadium angesehen werden, als alternierende Kochakte, wie sie in
den Geysiren zustande kommen. Ich glaube, dieser scheinbare Widerspruch
löst sich dadurch, daß die dauernden Kochquellen in den Niederungen
durch einen praktisch nicht oder wenig bewegten Grundwasserkörper aufsteigen, so daß dort trotz längerem Aufstiege im Grundwasser die thermi-
schen Energien besser zusammengehalten werden als in den typischen
Geysirgebieten. In letzteren ist der Aufstiegsweg durch den Grundwasserkörper zwar kürzer, dieser scheint jedoch gleichzeitig in fließender
Bewegung zu sein, so daß eine intensivere Durchmischung mit dem kalten
Oberflächenzufluß gegeben ist.

In bezug auf Chemismus sowie auch in bezug auf Auftreten von sauren
und basischen Quellen ergibt sich für SW-Island folgendes Schema:

Höhenlage	Grundwasser	Quelltypus
Erhöhte Gebirgslage	keines	midsolfatoide Acihvere und Solfataren
Unebene Lage im Quellen-horizont	wenig	mid-subsolfatoide Acihvere und Basihvere, häufig be-nachbart
Übergang zu den tiefsten Talsohlen	mittelstark	subsolfatoid-laugoide Basi-hvere, Geysirgebiete
Tiefste Talsohlen	mächtig	laugoide Basihvere und Thermen

Es werden demnach die laugoiden Absorptionen eingeleitet, wenn die
Solfathermen einen Grundwasserkörper durchbrechen müssen. Wenn dieser
Grundwasserkörper mächtig ist, so ist offenbar auch die Gasabsorption
vollkommen. Nur Stickstoff bleibt übrig, welcher in diesen Fällen wohl
nur zu einem sehr geringen Prozentsatz magmatisch ist. Interessant ist,
daß die Geysirphänomene vorzugsweise mit subsolfatoid-laugoiden Über-
gangschemismen verknüpft sind, wobei natürlich auch Ausnahmen vorkommen mögen. Die Geysire setzen einen mehr oder weniger stehenden,
bis an die Kochgrenze vorgeheizten Grundwasserkörper voraus, welcher
nach dem Ausbruch durch seitlichen Nachfluß kälteren Wassers wieder

ersetzt wird. Es ist klar, daß eine Neuaufheizung für den nächsten Ausbruch nur dann möglich ist, wenn die Verwässerung durch das fließende Grundwasser nicht allzu intensiv ist. Wo infolge allzu großer Grundwassermengen die Aufheizung zur kritischen Kochgrenze nicht mehr möglich ist, sind auch die Vorbedingungen für Geysirphänomene nicht mehr gegeben. Die laugoiden Absorptionen erfolgen nun offenbar im heißen Grundwasser so rasch, daß nur wenig mächtige Grundwasserkörper subsolfatoid-laugoide Zwischenchemismen bis an die Oberfläche durchlassen. Es decken sich also normalerweise die Wasserverhältnisse, welche Geysirphänomenen günstig sind, mit den Absorptionsbedingungen, welche subsolfatoid-laugoide Zwischenstadien der Gaszusammensetzung an der Erdoberfläche schaffen. Für alle klassischen Geysirgebiete, welche bisher eingehender untersucht worden sind, scheint diese Folgerung zuzutreffen (Hveragerdi, Großer Geysir, Yellowstonepark, neuseeländisches Geysirgebiet). Die laugoiden Quellen zeigen in Island keine direkten Geysirphänomene, aber doch sehr bemerkenswerte alternierende Sprudelerscheinungen oder dauernde Kochakte. Ein solches Beispiel bildet heute noch die Quelle Reykholt (V/14, S. 41) und einige andere. In früheren Jahren zeigten auch einige heutige laugoide Hvere im Borgarfjordgebiet bemerkenswerte Sprudelerscheinungen.

Das Zustandekommen der verschiedenen Quelltypen ließe sich nach vorstehenden Ansichten ungefähr wie folgt definieren: Laugoide, alkalische Quellen sind vermutlich im Grundwasser ertrunkene solfatoide, alkalische Quellen. Subsolfatoid-laugoide Geysirgebiete sind im Grundwassergebiete halb ertrunkene alkalische Quellen, wo magmatische Dämpfe noch nahe der Oberfläche sind. Solfatoide alkalische Hvere sind vom Grundwasser relativ wenig beeinflußte Solfathermalaufstiege. Solfatoide Acihvere und Solfataren sind unvollständige Solfathermalaustritte, welche ihr alkalisches, chloridhaltiges Begleitwasser ganz oder teilweise verloren haben.

An Hand der schönen Analysenserie *Thorkelssons* und der eigenen Feldbeobachtungen kam ich schon bei meinem ersten Besuche des Hengillgebirges im Jahre 1935 zur Überzeugung, daß relativ oberflächliche Absorptionsvorgänge die dortigen Veränderungen im Gaschemismus hervorrufen müssen. Während nämlich mid- und subsolfatoide Quellen erlauben, sehr rasch große Mengen von Gasen aufzufangen, wird die Gasabgabe der Quellen mit zunehmendem Stickstoffgehalt immer spärlicher. Bei reinen Stickstoffquellen kann man oft lange warten, bis das Proberohr voll ist. Als Beispiel führe ich an, daß bei midsolfatoiden Quellen meist Bruchteile einer Minute genügen, um 30 bis 50 cm³ Gase ohne Trichter aufzufangen. Bei der Gasanalyse Nr. 3 (Hveragerdi) ging es trotz vorgeschaltetem Auffangtrichter 20 Minuten und mehr, um die entsprechende Gasmenge zu sammeln. Glücklicherweise wurde vor meinem zweiten Studienaufenthalt die ausgezeichnete Monographie von *Day* und *Allen* über den Yellowstonepark bekannt, wo ganz ähnliche Absorptionserscheinungen sehr eingehend chemisch untersucht worden sind. Aus diesem Grunde konnte ich die sowieso beschränkten Arbeitsmittel mehr auf andere Fragen verwenden und mich mit einigen Stichproben begnügen, welche die vollkommene Ähnlichkeit gewisser isländischer Verhältnisse mit denen des Yellowstoneparkes erwiesen. *Day* und *Allen* bringen an Hand von Gas- und Wasserzusammensetzungen den überzeugenden Nachweis, daß eine starke Kohlensäureabsorption im heißen alkalischen Bodenwasser des Geysirgebietes stattfindet. Schon *Bunsen* hat in seinen Arbeiten darauf hingewiesen, daß die starke Alkalinität des Wassers, welche diesen Absorptionen günstig ist, durch die Auslaugung und Zersetzung der Gesteine des Untergrundes zustande kommt. Die Tabelle von S. 58/59 scheint anzudeuten, daß auch H_2- und CH-Verbindungen in diesem Wasser rasch zerstört werden. Vermutlich spielt dabei die im Bodenwasser gelöste Luft eine große Rolle, indem sie die Oxydation dieser sonst relativ widerstandsfähigen Gase auslöst. In Island konnten *Thorkelsson* und auch ich feststellen, daß in manchen Tümpeln Gasblasen aufsteigen, welche annähernd Luftzusammensetzung haben. Es muß sich offenbar um Luft handeln, die im kalten Wasser gelöst war und im aufgeheizten Bodenwasser unlöslich geworden ist. Wo aber noch größere magmatische Gasmengen vorhanden sind, wird der Sauerstoff durch Reaktion mit diesen aktiven Gasen absorbiert, wobei sich durch Oxydation von H_2S Sulfate bilden dürften. Nur der Stickstoff der Luft verhält sich inert, so daß es nicht weiter erstaunlich ist, daß bei vollständigen Absorptionsvorgängen nur noch Stickstoffblasen aufsteigen.

Ein weiteres interessantes Ergebnis zur Beurteilung dieser Fragen bilden die drei Dampfanalysen, welche wir im Hengillgebirge durchgeführt haben und die ich nachstehend zusammenstelle.

Quelle	Meereshöhe	Dampfgehalt	Vorhandene Restgase
Instidalur Nr. I/4 .	zirka 500 m	99 %	18 % brennbar, davon vermutlich zirka 4 % N_2
Oberes Reykjadalur Nr. I/27	zirka 350 m	99,2 %	8 % nicht brennbar (vermutlich N_2)
Groendalsá Nr. I/33	zirka 100 m	99,56 %	16,2 % N_2

Diese Serie zeigt einen zunehmenden Wasserdampfgehalt und einen zunehmenden N_2-Gehalt der Soffionengase beim Abstieg in die Niederungen. Alle drei Dampfquellen scheinen ihren verschieden hohen Wasserdampfgehalt wahrscheinlich nicht allein einer verschieden starken Verwässerung zu verdanken, weil die maximale Verwässerung von Dampf durch die in ihm enthaltenen Mengen von Kalorien begrenzt ist. Es ist eher anzunehmen, daß der abnehmende Gehalt an nicht kondensierbarer Gasphase auf eine allgemeine Absorption der nicht kondensierbaren Gase zurückzuführen ist, wobei Schwefelwasserstoff, Kohlensäure, Wasserstoff und Kohlenwasserstoffe gleichzeitig der Zerstörung durch den Sauerstoffgehalt des aufgenommenen Bodenwassers anheimgefallen sind. Die zunehmenden Stickstoffgehalte scheinen einen solchen Vorgang zu belegen.

Nach meinen Feldanalysen haben die wasserreichen Soffionen des Torfajökullgebietes, welche sich in besonders niederschlagsreichem Gebiet befinden, ebenfalls einen Bestand von zirka 20 Prozent nicht brennbarer Gase in der nichtkondensierten Gasphase, das heißt vermutlich N_2. Auch dort darf man demnach annehmen, daß der ausnehmend hohe Wasserdampfgehalt dieser Vorkommnisse wenigstens zum Teil auf Absorptionsvorgänge in der Tiefe zurückgeht, welche nicht eine sukzessive Selektivabsorption, sondern eine Totalabsorption anstreben. Daneben kann im Torfajökullgebiet, wie gesagt, auch die Möglichkeit mitspielen, daß liparitische Magmen ein besonders wasserreiches Destillat abgeben. Schließlich besteht auch noch die Möglichkeit, daß in der Tiefe alles kondensiert war und Wiederverdampfungen stattfinden.

Sukzessive Partialabsorption.

Es gibt Solfathermen, welche nach vollständiger Elimination von H_2S immer noch sehr große Mengen von CO_2-Gasen und eventuell auch von Wasserstoff und Kohlenwasserstoff enthalten. Die große Quantität dieser Gase läßt erkennen, daß die S-Radikale in diesen Fällen absorbiert wurden, bevor eine Kohlensäure- und Kohlenwasserstoffzerstörung von praktischer Bedeutung erfolgte. Erst in den kälteren Stadien wird dann auch die Kohlensäure absorbiert, sei es in Form von Sinterabsatz, sei es einfach in Form von Lösung im Wasser, so daß dann die Restgase, unter allfälligen Beimengungen von CO_2, hauptsächlich aus Kohlenwasserstoff- und Wasserstoffgasen bestehen, welches Endstadium ich als macalub bezeichnet habe (*Sonder* 1937). Die Entwicklung zu kohlensäurereichen Endstadien, d. h. das Vorherrschen einer sukzessiven Partialabsorption, scheint für

74

alle diejenigen Vulkangebiete typisch zu sein, bei welchen die juvenilen
Aszendenzen offensichtlich aus größeren Tiefen aufsteigen. Die Totalabsorption, welche ich weiter vorn beschrieben habe und welche auf Island
besonders verbreitet ist, ist deshalb nur ein Spezialfall der Absorptions-
entwicklung. Der andere Absorptionsweg wird in Island durch mofetoide
Quellen ebenfalls angezeigt.

Die Kohlensäuerlinge des Hengillgebirges entsprechen nicht den Kohlensäuerlingen, welche man auf der Snaefellsneshalbinsel findet. Dies
geht deutlich aus unseren Gas- und Wasseranalysen hervor. Im Hengillgebirge haben die Kohlensäuerlinge einen starken bis sehr starken Stickstoffgehalt, gleichzeitig zeigen die Wasseranalysen eine sehr geringe
Chlorkonzentration, also eine große Verwässerung an (siehe Gasanalysen
7, 8, Wasseranalysen 9, 10). Da diese Quellen in unmittelbarer Nähe
midsolfatoider Aufstiege vorkommen, erkläre ich mir ihr Zustandekommen durch einen plötzlichen starken Einbruch lufthaltigen, kalten Ober-
flächenwassers, welches im Gebirgskörper zirkuliert, in den midsolfatoiden
juvenilen Aufstieg. Der Sauerstoff der mitgeführten Luft reichte dabei
aus, um H₂S sowie die Wasserstoff- und Kohlenwasserstoffgase zu zerstören, während die Kohlensäure noch erhalten blieb. Es handelt sich also
um einen Zwischentyp von mofetoid-laugoidem Charakter.

Die mofetoiden Quellen von Snaefellsnes haben einen wesentlich höheren
Kohlensäuregehalt der Gasphase (vergleiche Gasanalyse Nr. 9). Gleichzeitig konstatiert man eine höhere Mineralisation des Begleitwassers, wobei
das offensichtlich magmatische Chlorradikal merkliche Konzentrationen
erreicht (Wasseranalysen 11, 12 und 13). Es handelt sich also um Quelltypen, die einer weitgehenden Aufstiegsverwässerung entgangen sind.
Eine gewisse vadose Verwässerung ist gewiß auch in diesen Quellen eingetreten, weil eine rein magmatische Chlorkonzentration wesentlich höher
sein müßte (siehe *Sonder* 1937). Keine juvenilen Aufstiege dürften im
Prinzip einer vadosen Verwässerung entgehen, da ja die Erdkruste bis
tief hinunter von Wasser durchtränkt sein muß. In ihrer Gas- und
Wasserzusammensetzung stehen die Kohlensäuerlinge von Snaefellsnes
andern gereiften juvenilen Aszendenzen nahe, die dem mofetoid-maca-
luben Absorptionswege folgen und in andern Vulkangebieten häufig sind.

Die vorstehenden Umstände scheinen mir keine Zweifel darüber zu
lassen, daß die Wasserverhältnisse des Untergrundes die Absorptions-
verhältnisse bestimmen. Mäßige bis schwache Verwässerung bei relativ
langem Aufstiegsweg erlaubt infolge der dabei möglichen sukzessiven
Partialabsorption das Erreichen von mofetoiden und macaluben End-
chemismen. Starke oberflächliche Verwässerung bei Kochtemperaturen
erzwingt die Totalabsorption, und damit laugoide Endstadien.

Über die Zusammensetzung der Absätze und des Begleitwassers.

Die vorstehende Beschreibung ist auf ein natürliches Klassifikationssystem aufgebaut, welches hier zum erstenmal für eine praktische Beschreibung angewandt wird. Die eingehendsten bisherigen Beschreibungen
von heißen Quellen basieren auf andern Einteilungsgrundlagen. Ich kann
meine Vergleichsbetrachtungen dabei auf das Standardwerk von *Day* und
Allen über den Yellowstonepark beschränken, und zwar nicht nur deshalb,
weil dieses Werk an Gründlichkeit alles übertrifft, was bisher auf diesem
Gebiete erschienen ist, sondern auch deshalb, weil von diesen Autoren
frühere Ansichten weitgehend Beachtung in der Diskussion gefunden haben.

Bei *Day* und *Allen* werden die Absätze der Quellen und die Zusammensetzung der Quellwasser als Grundlage für eine rein chemische Einteilung
benutzt. Es ergeben sich darnach für den Yellowstonepark vier Hauptgruppen, und zwar wie folgt:

Bezeichnung	Wichtigste feste Absätze	Quellwassertypen nach den maßgebenden Radikalen
Sulfatareale . . .	Schwefel und Sulfate	Sulfatwasser
Alkalische Areale .	Kieselsinter	Bikarbonatchloridwasser
Gemischte Areale .	Kieselsinter, Sulfate	Chloridsulfatwasser, teil-weise auch Bikarbonat-wasser
Travertinareale . .	Kalksinter	Chloridsulfatbikarbonat-wasser

Eine Berücksichtigung der Quellgase findet bei obiger Einteilung nicht
statt, doch erklärt sich dies wohl aus dem mangelnden Bedürfnis. Der
Yellowstonepark ist ein nur schwach heterogenes Solfathermalgebiet. Die
mittlere Zusammensetzung der meisten Gase ist subsolfatoid (0,6 % H_2S,
97,4 % CO_2) und steht also schon dem mofetoiden Absorptionsstadium
sehr nahe, was auf einen längeren Aufstiegsweg schließen läßt. Einige
Quellen zeigen laugoide Absorptionstendenzen.

Obwohl bei *Day* und *Allen* ganz andere Gesichtspunkte für die Quell-
einteilung maßgebend waren, ergeben sich keinerlei Widersprüche zu dem
hier vorgeschlagenen natürlichen Klassifikationssystem. Es ist eben jedem
Klassifikationstyp des natürlichen Systems ohne weiteres ein bestimmter
Absatz- und Quellwasserchemismus zugeordnet, wie sich aus der nachstehenden vergleichsweisen Zusammenstellung ergibt.

Die Sulfatareale entsprechen den Solfataren und Acihveren,
wobei die Solfataren sich durch einen reichlicheren Absatz an Salzen und
auch an Schwefel auszeichnen. Hierbei treten nur Sulfatwasser auf, weil

das chloridhaltige Aszendenzwasser überhaupt fehlt und das Bikarbonatradikal mit freier Schwefelsäure nicht koexistieren kann.

Die Kieselsinterareale entsprechen den subsolfatoiden (eventuell auch midsolfatoiden) und laugoiden Basihveren, eventuell auch laugoiden heißen Thermen. Den Wassern ist das Kondensat der Tiefenaszendenz beigesellt, weshalb das Chlorradikal darin eine wesentliche Rolle spielt. Gleichzeitig besitzt das Bikarbonatradikal eine dominierende Rolle infolge der vor sich gehenden Karbonatisierungen. Das Sulfatradikal ist in geringeren Konzentrationen vorhanden und geht möglicherweise auf Reaktionen der gelösten Bodenluft mit H_2S zurück.

Die gemischten Areale sind ohne weiteres verständlich, weil sie eine Zwischenstellung zwischen den Sulfat- und Kieselsinterarealen einnehmen. Das Chloridwasser kann dieselben gerade noch erreichen, die einsetzenden Oxydationen schaffen die Sulfatkonzentrationen, während die Bikarbonatradikale wegen der leicht sich bildenden Säure zurückgedrängt sind.

Die Kalksinterareale entsprechen den mofetoiden Pseudohveren. Im Wasser spielt das Bikarbonatradikal die Hauptrolle, und das Chloridradikal ist ebenfalls vorhanden. Ebenso kann das Sulfatradikal vorhanden sein infolge oberflächlicher Oxydation des eventuell vorhandenen Schwefelwasserstoffes, oder auch durch tiefere Aszendenz. Es ist klar, daß verschiedene Möglichkeiten der Wasserzusammensetzung existieren, je nach den Tiefenverhältnissen. Das Absatzprodukt ist Kalksinter, welcher infolge des Entweichens der Kohlensäure niedergeschlagen wird. In Island sind diese Kalksinterabsätze relativ klein und bei weitem nicht vergleichbar mit den großen Travertinterrassen, die man im Yellowstonepark vorfindet. *Day* und *Allen* weisen jedoch darauf hin, daß diese großen Kalksinterablagerungen dadurch zustande kommen, daß die heißen Quellen Kalkschichten durchbrechen. Auch hier zeigt sich, daß die Erscheinungen recht wechselnd sein können in Abhängigkeit von den Aufstiegsbedingungen in den durchströmten Horizonten.

Die Ockerareale müssen einer chemischen Absatzklassifikation ebenfalls noch zugefügt werden, weil Ockerabsätze für die Kohlensäuerlinge im allgemeinen die normale Erscheinung darstellen.

Keinerlei Absätze von Bedeutung scheinen kennzeichnend zu sein für die laugoiden Thermen.

Zweiter Teil
Zur Tektonik der Insel Island.

A. Allgemeiner Überblick.

Die Insel Island kann entsprechend ihrem geologischen Bau in folgende drei Einheiten aufgeteilt werden:

1. Der zentrale jungvulkanische Gürtel.

Er entspricht auf der Übersichtsskizze der Insel (Tafel XII) den Provinzen I und II. In dieser Zone findet sich die jungvulkanische Hauptaktivität konzentriert in Form zahlreicher spätglazialer bis rezenter Schildvulkane, Spaltenvulkane, Spaltenausbrüche und Solfathermen. Ein weiteres Kennzeichen dieser Zone ist die weite Verbreitung mächtiger Tuffmassen. Man findet ferner in diesem Gürtel die höchsten Erhebungen der Insel und damit die vier hauptsächlichsten Vergletscherungsgebiete.

2. Die jungvulkanisch aktivierte Snaefellsneshalbinsel.
Provinz III der Karte (Tafel XII).

In diesem Gebiete sind junge magmatische Ausbruchspunkte und Solfathermen noch relativ häufig. Die geförderten Lavamassen sind quantitativ jedoch nicht mehr so bedeutend wie in der Zentralzone. Der mofetoide Charakter der Solfathermen spricht für eine größere Lagerungstiefe der eingedrungenen Magmen. Ferner unterscheidet sich dieses jungvulkanische Gebiet von der Zentralzone dadurch, daß die Tuffe in wesentlich beschränkterem Maße an der Oberfläche beobachtet werden können. Sie werden anscheinend überlagert von mächtigen Basaltdecken, denen man mindestens glaziales, wahrscheinlich aber ein wesentlich höheres Alter zuschreiben muß, da darin Kohlenflöze enthalten sind, welche als tertiär angesehen werden. Da ich selbst keinerlei Untersuchungen über diese Basalte angestellt habe, und da über deren genaues Alter in der Literatur noch Widersprüche bestehen, bezeichne ich sie einfach als ältere Basaltformationen. *Thoroddsen* u. a. halten diese Basalte für gleich alt wie die andern großen Basaltdecken der Insel, welche außerhalb der jungvulkanischen Zone vorkommen. Die Tuffe von Snaefellsnes hat er als jünger angesehen.

3. Die Randzonen der älteren Basaltformationen.
Provinzen IV, V und VI der Karte (Tafel XII).

Hier herrschen eintönige Basaltdecken von großer Mächtigkeit vor (ältere Basaltformation). Postglaziale Lavaausbrüche sind bisher nicht bekannt geworden. Dafür gibt es eine Anzahl heißer Quellen von laugoidem Typus. Tuffe sind aus diesen Gebieten im allgemeinen nicht bekannt, abgesehen von geringfügigen Tufflagern zwischen den Lavabänken. Immerhin scheinen nach den Beschreibungen *Thoroddsens* Tuffe in größerer Mächtigkeit an einigen tieferen Stellen in der Provinz V vorhanden zu sein.

Wenn man auf die generellen Erscheinungen abstellt, so hält die Snaefellsneshalbinsel in ihrem geologischen Charakter eine Art Zwischenstellung zwischen der jungvulkanischen Zone und den älteren randlichen Basaltplateaus. Bisher wird allgemein angenommen, daß sich diese Verhältnisse wie folgt erklären:

Island war zur Zeit der älteren Basaltergüsse ein einheitliches Basaltplateau. In vermutlich jungtertiärer Zeit begann der zentrale Gürtel in Form eines Grabens einzubrechen, wobei gleichzeitig in ihm eine große vulkanische Tätigkeit erwachte, welche vor allem mächtige Tuffmassen aufschüttete und den entstehenden Graben ausfüllte. Mit ausgehender Glazialzeit hätten dann die Tuffbildungen nachgelassen, und es erfolgten glaziale bis postglaziale Basaltergüsse unter Bildung von Schildvulkanen und Spalteneruptionen, wobei sich in den Niederungen große Lavafelder ansammelten. Dementsprechend wären die Deckenbasalte in den Randzonen (den Provinzen III, IV, V und VI) stratigraphisch die ältesten Teile der Insel. Man hat im allgemeinen der Hauptmasse der Basalte, gestützt auf eingelagerte Kohlenvorkommnisse, miozänes Alter zugeschrieben. *Pjeturs* (1900, 1910) hat später betont, daß diese älteren Basalte von Basalten aus der Glazialzeit überlagert seien, da sich zwischen den höhern Basaltbänken moränenartige Einlagerungen befänden. *Hawkes* (1938) möchte neuerdings manchen Basalten Islands in Analogie mit den benachbarten grönländischen und schottischen Basaltbänken ein höheres Alter zuschreiben (eozän). Er glaubt ferner, daß manche der glazialen Basalte von *Pjeturs* noch den präglazialen Effusionen angehören.

In der neueren Literatur wird fast allgemein angenommen, daß die großen Tuffmassen der Zentralzone hauptsächlich während der Glazialzeit entstanden sind. *Sartorius von Waltershausen* (1855) nahm jedoch früher an, daß die Tuffe die älteste Formation der Insel seien. Nach *Keilhacks* (1886) ausführlicher Monographie der Insel soll der Tuff teilweise miozän, teilweise aber sehr viel jünger sein. *Thoroddsen,* wohl der beste Kenner der Insel, schrieb den Haupttuffen pliozänes Alter zu. In der neueren Literatur haben dann verschiedene Autoren die Meinung ausgesprochen, daß die Tuffe eine glaziale Formation seien.

Bei meinen Untersuchungen, welche sich nur nebenbei den geologischen Verhältnissen widmen konnten, habe ich mich anfänglich von diesen neueren Ansichten leiten lassen. Erst in den allerletzten Tagen meines Aufenthaltes konnte ich auf Snaefellsnes Beobachtungen machen, welche nicht mehr gut mit den obigen Vorstellungen übereinstimmen. Das Studium der Literatur und die Ausarbeitung meiner Beobachtungen haben weitere Zweifel ergeben. Leider war es mir nicht möglich, durch neue Feldbegehungen die Vorstellungen, welche ich nachstehend entwickeln werde, in bezug auf die stratigraphische Lagerung des Tuffes näher zu prüfen.

B. Die Tuffe und ihre stratigraphische Stellung.

Ist die isländische Tufformation eine glaziale Ablagerung?

Es gilt bei der Diskussion dieser Frage scharf zwei Probleme auseinanderzuhalten, nämlich: die Existenz einer normalen und die Existenz einer fluvioglazialen bis glazialen Tuff-Fazies. Dies dürfte in der bisherigen Literatur nicht in genügendem Maße geschehen sein. Was die normale Tuff-Fazies anbelangt, so ist dieselbe makroskopisch gesehen (eingehendere Studien habe ich allerdings nicht gemacht) in Struktur und Aussehen vergleichbar den vulkanischen Tuffablagerungen, wie ich sie in Süditalien, der Ägäis und in Nicaragua auch beobachten konnte, und wo sicherlich keine glazialen Einwirkungen anzunehmen sind. Für die normale Tufformation scheint mir die glaziale Einwirkungshypothese um so weniger anwendbar, als gerade Island viele Beispiele liefert, wie glazial beeinflußte Tuffe aussehen. Angesichts der Tatsache, daß die Tuffe sehr leicht einer Glazialmetamorphose unterliegen, spricht das völlige Fehlen einer solchen Metamorphose im größten Teil des mir bekannten Tuffkomplexes sogar entschieden gegen eine glaziale Entstehung des Tuffes.

Von den verschiedenen Anhängern der Glazialtheorie wurde beispielsweise die Hypothese aufgestellt, daß subglazialer Kontakt von Lava und Eis echte Tuffe schaffe. Zur Widerlegung dieser Feststellung möchte ich eine Beobachtung beschreiben, welche ich kürzlich in Zentralafrika an der Stelle machen konnte, wo die Lavamassen des Nyamlagira sich in den Kivusee ergießen. Das Seewasser ist in der Nähe des Einflusses nur mäßig getrübt, selbst dort, wo sich die heftigsten Explosionen ereigneten. Es konnte also nicht sehr viel « Tuff » suspendiert enthalten. Die heftigen Kontaktexplosionen (Bild Nr. 17, Tafel VIII) bestanden aus rein weißem Wasserdampf, und von einer merklichen Zerspratzung der Lava, oder gar Tuffbildung in der Kontaktzone von flüssigem Wasser und flüssiger Lava war nicht das geringste zu beobachten.

Es ist theoretisch auch nicht einzusehen, wieso es auf diesem Wege zu einer Vertuffung kommen kann. Lava kann nur vertufft werden durch Gase, welche in der Lava selbst gelöst sind, niemals aber kann sich Tuff in merklichem Maße bilden, wenn vom Lavakontakt geheiztes Wasser außerhalb der Lava explosionsartige Kochakte durchmacht. Es wäre ein Irrtum, zu glauben, daß der Kontakt mit Eis an obigen Verhältnissen etwas ändern könne, im Gegenteil. Wo zum Beispiel am Kivusee Lava sich neu löste und sich hellrot in kühleres Wasser ergoß, erfolgten anfänglich überhaupt keine Explosionen. Erst wenn das Umgebungswasser annähernd auf Kochtemperaturen aufgeheizt war, setzten die Explosionen ein. Beobachter bei Nacht versicherten mir, daß man rote Lava sogar unter dem Wasser fließen sehen könne, bevor explosive Erscheinungen die Sicht verhinderten. Dies bedeutet gar nichts anderes, als daß die explosiven Erscheinungen ganz wesentlich herabgemindert sein müssen beim Kontakt von Eis und Lava, weil nicht nur die Aufheizungs- und Verdampfungskalorien des Wassers zugeführt werden müssen, sondern auch noch die Schmelzkalorien des Eises.

Die Vorbedingung für die Tuffbildung ist:

1. Die Anwesenheit von reichlich gelöstem Gas in der magmatischen Schmelze.

2. Eine rasche äußere Druckentlastung, wodurch die Lava zerspratzt wird.

Diese Verhältnisse habe ich in einer eingehenderen Arbeit auseinandergesetzt (*Sonder* 1937 a). Basische Magmen können infolge ihrer großen Dünnflüssigkeit nur bei sehr rascher Druckentlastung Tuffe liefern, weil bei langsamerer Entlastung die Gase entweichen, ohne daß sie die Lava zerspratzen. Die zähflüssigen sauren Magmen, aus welchen die Gase nicht so leicht entweichen, neigen daher viel mehr zu einer explosiven Vertuffung. Eine Vertuffung ist bei basischen Magmen dann möglich, wenn solche Magmen gasgesättigt aus größeren Tiefen rasch emporsteigen, wodurch verhindert wird, daß sich das Gas durch weniger explosive Siedeprozesse vom Magma trennt. Vom theoretisch-vulkanologischen Standpunkt aus haben deshalb die großartigen basischen Tuffmassen auf Island mit einer glazialen Tuffbildung nicht das geringste zu tun. Man muß vielmehr annehmen, daß sie jeweils als Initialphasen von größeren Effusionsperioden aufzufassen sind, d. h. es handelt sich vermutlich jeweils um Basisformationen von überlagernden Basaltdecken.

Ebensowenig stichhaltig scheinen mir die Argumentationen einiger Autoren zu sein, welche aus der Anwesenheit von Kugelbasalten oder bestimmter mineralogischer Eigentümlichkeiten des Tuffes ein glaziales Alter desselben beweisen wollen. Niemand bezweifelt jedoch, daß die Tuffe Islands in jüngerer Zeit sehr lange unter einem Eispanzer gelegen haben, so daß, selbst wenn solche mineralogische Deduktionen richtig sein sollten, über das wirkliche Alter der Tuffe noch nicht das geringste erwiesen ist. Die Kugelbasalte, welche sich in den Tuffen vorfinden, sind durchwegs, soweit ich Gelegenheit hatte solche zu sehen, spätere Intrusionen, welche lange nach der Bildung der Tuffe erfolgt sind. Es scheint mir übrigens zweifelhaft, daß sich Kugelbasalte gerade nur unter Eisbedeckung bilden können. Sicher ist auf alle Fälle, daß solche spätere Kugelbasaltintrusionen überhaupt nichts über das Alter der Tuffe selbst aussagen. Ein glaziales Alter der Tuffe kann nur durch eine glaziale Fazies der Tufformation bewiesen werden. Mit den dadurch aufgeworfenen Problemen will ich mich nachfolgend beschäftigen.

Die glaziale Tuff-Fazies. Ich habe nachfolgende Beobachtungen über das Auftreten von glazialer Tuff-Fazies machen können:

1. Eisdruckfazies. An manchen Stellen beobachtet man, daß die Tuffe ein wildgeschiefertes bis blätteriges Aussehen annehmen. Eine schöne derartige Stelle findet sich am östlichen Fuße des Hengillgebirges (Brunkollublettir). Noch schöner ist jedoch diese Fazies in den Hrudurkarlar ausgebildet, einigen Hügeln östlich der Kaldidalurstrasse südlich des Ok. An diesen Stellen durchziehen zahllose parallele, manchmal auch verkrümmte zementierte Adern und Äderchen den Tuff. Sie sind gekreuzt von andern, welche kleine Verwerfungen, manchmal aber auch meterweite Verschleppungen erkennen lassen. Von einer tektonischen Verrutschung kann keine Rede sein, da nicht zu verstehen wäre, was für tektonische Bewegungen an den betreffenden Lokalitäten stattgefunden haben könnten. Außerdem konnte ich beobachten, daß in eigentlichen tektonischen Verrutschungszonen die angeführte Zementationsaderung meist fehlt. Meines Erachtens bleibt nur die Erklärung, daß es sich um eine Metamorphose durch Eisdruck handelt; die entstehenden Verrutschungsklüfte erfuhren durch das zirkulierende Wasser eine Auszementierung, welche etwas verwitterungsbeständiger ist als der Tuff selber.

2. Gletscherschliff innerhalb der Tuffe? Östlich von Krisuvik in der Fußsohle des Geithalids, zirka 1 km südwestlich des Punktes 264, findet sich eine eigentümliche Diskordanz im Palagonittuff, welche auf frischen Abwitterungsflächen mehr oder weniger horizontale Schliffe erkennen läßt. Verfolgt man diese Diskordanzfläche nach aufwärts, so kommt man zu Stellen, wo die Diskordanzfuge die oben beschriebene glaziale Zementation zeigt, ja sogar sandiges Material eingeschwemmt enthält. Handelt es sich hier nun um einen Glazialschliff, der später von Tuffen sofort zugedeckt wurde, oder handelt es sich um einen Rutschharnisch, der an einer Diskordanzfläche im Tuffe nachträglich entstanden ist, weil der Eisdruck die oberflächliche Tuffmasse verschoben hat?

3. Tuffmoränen. Moränen aus Tuffmaterial sind diejenigen Gebilde, auf welche die Ausführungen von *Pjeturs* sich beziehen, der als erster die große Verbreitung glazialer Ablagerungen betonte. Sie enthalten verriebenes Palagonittuffmaterial mit gekritzten Geschieben usw. Diese

Formation kommt meistens als Deckformation in Glazialgebieten vor, wobei die Tuffmoränen vielfach an die Talwände angekleistert sind in diskordanter Lagerung zu den älteren Tuffen. Ein sehr schönes Beispiel für ein solches Vorkommnis findet sich an der Ostflanke des Hestfjall in Grimsnes. An einigen Stellen hat der verriebene Tuff sogar ein stengeliges Aussehen angenommen.

Alle drei vorstehend angeführten Erscheinungen beweisen die Eiseinwirkung auf die isländische Tufformation. Es besteht kein Zweifel, daß die zentralisländischen Tuffgebiete in nicht zu weit zurückliegender Zeit von Gletschern ganz bedeckt waren. Selbst wenn die Tuffe Millionen von Jahren älter wären, ist es gegeben, daß sie an den geeigneten Stellen einer Abhobelung (Abstoß von oberflächlichen Blöcken) und Verschleppung in Moränen ausgesetzt gewesen wären. An den Stellen, wo sich das Gelände der Eisbewegung entgegenstellte, mußte in diesem Falle eine Eisdruckmetamorphose einsetzen, da Tuffe bekanntlich solchen Drucken nur beschränkten Widerstand entgegensetzen können. Die weitverbreiteten glazialen resp. fluvioglazialen Tuffe Islands sind nur dann ein Beweis für das glaziale Alter der Tuffe, wenn diese Vorkommnisse nicht nur auf oberflächliche Stellen der Tuffhorizonte beschränkt sind, wo eine sekundäre Aufarbeitung oder Metamorphose denkbar ist.

Meine eigenen Beobachtungen, welche sich auf zahlreiche Begehungen in Südwestisland stützen, haben mich mit keinem Fall von glazialer Fazies bekanntgemacht, der eindeutig für das glaziale Alter der Haupttufformation sprechen würde. In allen Fällen ist die Lage so, daß nachträgliche Einwirkung des Eises auf ältere Tuffe feststeht oder zumindest möglich sein könnte. Der am wenigsten klare Fall ist der unter 2. beschriebene Schliff. Zweifel am glazialen Alter der Tuffe sind um so eher berechtigt, als besonders in den tiefen Einschnitten in den Tuffbergen, wo nachträgliche glaziale Einwirkungen wenig wahrscheinlich sind, auch keinerlei glaziale Fazies zu beobachten ist. Die von mir beobachteten glazial beeinflußten Stellen liegen vielmehr immer dort, wo nach der Topographie eine glaziale Beeinflussung einigermaßen wahrscheinlich ist. Inwiefern diese Feststellungen auch für die von andern Autoren beschriebenen glazialen Tuffe gelten, kann ich nicht beurteilen. Es dürfte keine einfache Aufgabe sein, einen einwandfreien Nachweis in dieser Hinsicht zu leisten, weil falsche Schlüsse leicht möglich sind. Glaziale Geschiebe können nicht nur den Talboden, sondern auch die Talwände überkleistern; auch die Eisdruckmetamorphose ist dort überall möglich. Mir scheint, daß die Frage des Alters der Tuffe noch durch eingehendere Studien abgeklärt werden muß. Soweit meine eigenen Beobachtungen reichen, scheint es mir möglich, daß die Tuffe auch präglazial sein könnten.

Die Lagerung der Tuffe in der stratigraphischen Gesamtserie.

Nach der bestehenden Auffassung müssen die glazialen Palagonittuffe über den älteren mächtigen Plateaubasalten liegen und ihrerseits wieder überdeckt sein von spät- bis postglazialen Basalten. Die Auflagerung von Tuffen auf ältere Basalte wird in der bestehenden Literatur verschiedentlich behauptet. Ich bin aber auf keine Beschreibung eines Detailprofils gestoßen, welches eine solche Auflagerung einwandfrei nachweist, wenn man von den da und dort vorkommenden mäßig mächtigen Tufflagern zwischen Basaltbänken absieht. Aus meinen eigenen Begehungen kenne ich zahlreiche Profile, welche eine einwandfreie Unterlagerung der Basaltdecken durch die Tuffe erweisen. In den tieferen Horizonten der älteren Basaltformation fand ich Beispiele, wo Tuffbänke zwischen die Basaltbänke eingeschaltet sind (Esja). Nirgends ist mir eine Stelle bekannt geworden, wo unter der großen Haupttufformation Basaltbänke auftreten. Nach meinen Beobachtungen bilden demnach die Tuffe immer die älteste Basisformation sowohl in der jungvulkanischen Zentralzone, wie auch auf der Snaefellsneshalbinsel. Diese Feststellung stützt sich auf meine Beobachtung bei der anderweitigen Arbeit. Systematische diesbezügliche Begehungen machte ich allerdings nicht.

Die Haupttuffe, welche meist geringe oder keine Einlagerungen von Basalten enthalten, müssen eine minimale Mächtigkeit von mehreren hundert Metern haben, da Tuffbergabstürze von solchen Höhen ausgeschlossen sind. Keilartige Tuffberge tragen oft keinen Deckbasalt. Plateauartige Tuffberge sind in der Regel von Basaltdecken gekrönt. In der Gegend von Krisuvik ist die Basaltdecke der Berge nur wenige Meter mächtig. Weiter nach NE werden die Deckbasalte mächtiger. So kann man am Hvördufell an der Hvitá größere Basaltdecken beobachten, in welche auch fluviatile Ablagerungen eingeschaltet sind. Die zirka 30° nach NE gekippten Basaltdecken der Landschaft Hreppar zeigen mächtige Basaltlager an, welche möglicherweise ebenfalls nicht von Tuffen überdeckt sind. Diese Basalte gehören nicht der ganz jungen Effusionsperiode an, da sie glazial geschrammt sind.

Auf der Snaefellsneshalbinsel scheinen besonders aufschlußreiche Profile vorhanden zu sein. Leider verbrachte ich hier nur meine letzten wenigen Tage in Island, wobei zugleich die Hauptbegehungen bei sehr schlechten Wetterverhältnissen und Nebel durchgeführt werden mußten. Die Beobachtungen, welche ich dabei machen konnte, haben speziell dazu beigetragen, Zweifel an den bestehenden Ansichten über die Lagerung der Tuffe und der Basalte zu wecken.

Von der Snaefellsnesstraße aus kann beobachtet werden, wie an einer hohen senkrechten Abbruchswand bei Ellidi tuffartiges Gestein gewissermaßen als fensterartige Unterlage unter darüberlagernden mächtigen Basaltdecken ansteht. Nach den Angaben von *Thoroddsen* handelt es sich in der Tat um Tuffe, doch glaubt dieser Autor unter Beibehaltung seiner Ansichten über das Alter von Tuffen und Basalten, daß die Tuffe gewissermaßen an eine dahinterstehende Basaltwand angeklebt seien. Diese Auffassung kommt mir reichlich unwahrscheinlich vor. Leider habe ich das Vorkommnis nicht begehen können.

Bei der Durchquerung des Gebirges vom Grundarfjord über den Bláfeldarskard beginnt der Anstieg in Basalten, die annähernd horizontal gelagert sind, resp. leicht gegen das Gebirge einfallen. Bis in den hintern Teil des Arnartales befindet man sich im Basalt, dann beginnt ein steiler Aufstieg über Tuffgesteine. Soweit bei der unvollkommenen Orientierungsmöglichkeit festgestellt werden konnte, müssen auf gleicher Höhe gegen den Grundarfjord Basalte anstehen (Höhe zirka 460 m). Nach Beendigung des Aufstieges im obern Teil der Schlucht kommt man wieder in Basaltdecken, die bis zur Paßhöhe und jenseits des Berges anhalten. Nach diesen Beobachtungen scheint der innere Teil der Snaefellsneshalbinsel, welche offenbar eine Horststruktur besitzt, einen Tuffkern zu enthalten, d. h. der Tuff unterlagert die Basalte, wurde aber im zentralen Horstteil so weit emporgehoben, daß der hinterste Teil des tiefeingeschnittenen Arnardalurs gerade noch ein kleines Fenster des Tuffes entblößen konnte. Die Randbasalte, die auf Snaefellsnes auftauchen, wurden bei Bulandshöfti von *Pjetursson* und *Bardarsson* beschrieben. In den tiefern Horizonten der Basalte findet sich Kohle, während den obersten Basalthorizonten bereits glaziale Geschiebe eingelagert sein sollen. Darnach wären die Basalte auf Snaefellsnes tertiär bis quartär, gehörten also der ältern Basaltformation an. Weiterhin soll sich nach *Pjetursson* rückwärts im Hauptgebirge eine quartäre Tuffvulkanruine erheben (Vulkan Höfdakúla). Nach meiner Auffassung scheint es mir wahrscheinlicher, daß diese Tuffe im zentralen Teil der Halbinsel, welche eine noch höhere Lage als die eben beschriebenen Basalte einnehmen, eher den Kern des Snaefellsneshorstes darstellen, wo stratigraphisch ältere Horizonte durch tektonische Vorgänge zu großen Höhenlagen emporgestoßen wurden. Mit dem Charakter dieser Tektonik werde ich mich im folgenden Kapitel noch beschäftigen.

Auch *Thoroddsen* glaubt, daß die Tuffe, welche nach seinen Angaben noch andernorts in den tiefeingeschneiten Tälern der Snaefellsneshalbinsel beobachtet werden können, nicht die Tuffunterlage von darüber anstehenden Basalten darstellen, sondern quartäre Tuffeinlagerungen in die Täler sind, welche erfolgten nachdem diese Täler bereits gebildet waren. *Thoroddsens* Profil durch den Fagraskogarfjall, welches etwas modifiziert von *Pjeturs* übernommen wurde, illustriert sehr gut diese Ansicht. Da ich selbst diese Stellen nicht begangen habe, kann ich mir natürlich auch kein maßgebendes Urteil darüber bilden. Immerhin habe ich den Eindruck, daß die Verhältnisse des genannten Profils es eigentlich plausibler machen würden, eine durchgehende Tuffunterlage unter dem genannten Berge anzunehmen.

Ähnliche Verhältnisse in bezug auf Tuffeinlagerungen findet man nach *Thoroddsen* in einigen tiefeingeschnittenen Tälern des nördlichen Islands (Provinz V). Sollte vielleicht nicht auch dort eine Deutung im vorstehend skizzierten Sinne möglich sein? Das Nordende der Halbinsel zwischen Hunafloi und Skagafjörd ist aus Tuffen gebildet. Nach der Literatur sollen die Basaltdecken in diesen Teilen vom Meere her gegen das Inselinnere einfallen, so daß es an und für sich nicht sehr erstaunlich wäre, wenn an der Nordspitze der eben genannten Halbinsel die ältern unterlagernden Tuffe zutage träten. Da ich alle diese Vorkommnisse nicht kenne, so können meine Bemerkungen nur Anregung sein für spätere Besucher dieser Lokalitäten, die Verhältnisse neu zu prüfen.

C. Betrachtungen über den Gesamtbau der Insel.

Angesichts des Umstandes, daß viele gute Kenner der Insel die Tuff-
formation als quartär ansehen und ich meine Beobachtungen nicht aus-
bauen konnte, muß ich die folgenden Schlüsse mit einer gewissen Reserve
vorlegen. Ich halte es für wahrscheinlich, daß Tuffe die älteste bekannte
Basisformation sowohl auf der Snaefellsneshalbinsel, als auch in der Zentralzone sind. Dies stimmt überein mit dem vulkanologischen Postulat,
daß in basischen Eruptionsarealen große Tuffbildungen im allgemeinen
die Vorläufer der effusiven Basaltförderung sein müssen. Es ist auch
möglich, daß Tuff- und Basaltlagen alternierend wechseln können, so daß
die Tuffe verschiedenen Horizonten angehören. Auf Island können an
verschiedenen Stellen solche alternierende Tuff- und Basaltdecken festgestellt werden. Solche alternierende Lagerung ist mir besonders in den
tieferen Lagen der älteren Basaltformation aufgefallen (zum Beispiel in
den Fußzonen des Esjagebirges). Es besteht also die Möglichkeit, daß die
Tuffe auf Snaefellsnes die Basisformation des älteren Basaltplateaus darstellen, während die Tuffe der Zentralzone als Basisformation der jüngsten Effusionsperiode anzusehen sind, welche anscheinend jetzt im allmählichen Ausklingen ist.

Gegen diese letztere Erklärung scheint mir jedoch der Umstand zu
sprechen, daß die lavaarmen Tuffmassen der Zentralzone eine große
Mächtigkeit erreichen, welche sicher mehrere hundert Meter übersteigt.
Angesichts des Umstandes, daß die Tuffe eine Tendenz haben, sich durch
Luft- oder auch Wassertransport regional auszubreiten, ist der Gedanke
naheliegend, daß die ebenfalls sehr mächtigen Tuffe auf Snaefellsnes das
Äquivalent der zentralisländischen Tuffe sind. Eine entsprechende quartäre Tuffdecke auf den benachbarten randlichen Basaltplateaus ist nämlich nicht vorhanden. Falls man dieser Ansicht beipflichtet, so käme man
auf die alte Auffassung von *Sartorius von Waltershausen* zurück, wonach
die Tuffe die älteste Formation der Insel sind. Damit wird aber die ganze
bisherige Auffassung vom tektonischen Bau der Insel grundlegend verändert. Die jungvulkanische Zentralzone ist dann kein Graben mehr, sondern ein Horst, weil dort die ältesten stratigraphischen Bauglieder in den
höchsten Lagen aufgeschlossen sind.

Ein Blick auf den Gesamtbau des Atlantischen Ozeans (Tafel XIII) zeigt,
daß Island gerade in der Fortsetzung des mittelatlantischen Rückens liegt.
Dieser vieldiskutierte Rücken verläuft in der Mitte zwischen den unter

sich bekanntlich weitgehend parallel laufenden Küsten des Atlantischen Ozeans. Er macht dabei alle die auffälligen Knickungen dieses Küstenverlaufes mit. Eine solche scharfe Knickung des Küstenverlaufes erfolgt nun auch gerade ungefähr dort, wo die nordatlantische Schwelle von Schottland über Island nach Grönland zieht. Südwestlich dieser Schwelle verlaufen Küsten und mittelatlantische Schwelle in SW-Richtung. Nördlich dieser Schwelle verschwindet zwar der mittelatlantische Rücken, der Atlantische Ozean vermindert seine Breite auf die Hälfte, aber sein Streichen ist nordwärts, d. h. es erfolgt im Bereich der Insel Island eine ausgesprochene Knickung von Nordostverlauf in Nordsüdverlauf. Island, welches ein Teilstück der mittelatlantischen Schwelle ist, gibt diese Knickung wieder durch eine entsprechende Knickung in der Struktur und im Verlaufe der jungvulkanischen Zentralzone, wie aus der tektonischen Skizze Tafel XII klar hervorgeht. Dadurch gibt sich die jungvulkanische Zentralzone zu erkennen als die Fortsetzung der Gratlinie der mittelatlantischen Schwelle quer durch Island, ein Umstand, der anscheinend bisher nicht beachtet worden ist.

Es wäre nun wirklich eine einigermaßen befremdliche Vorstellung, daß die zentrale Gratzone der mittelatlantischen Schwelle eine Grabenstruktur besitzen sollte. Eine Horststruktur scheint den allgemeinen topographischen Verhältnissen eher zu entsprechen. Ein Querprofil durch die Insel nach den bisherigen Vorstellungen zeigt ein schüsselförmiges Einfallen der randlichen Basaltplateaus gegen das Inselinnere, d. h. gegen den bisher postulierten Graben. Dieser Strukturtyp steht in Gegensatz zu dem durch zahlreiche Beispiele belegten normalen Strukturbild eines Grabens, das immer aufgewulstete Grabenränder zeigt, mit Abfallen der Schichten nach außen. Topographisch ist jedenfalls das Bild der Schüssel auch nicht richtig, weil die höchsten breitbuckligen Erhebungen der Insel dem Zentralgürtel angehören. Man könnte nun allgemein folgern, daß gegen einen Horst die seitlichen Ränder schüsselförmig einfallen, aus analogen isostatischen Kompensationsbewegungen, zu denjenigen, welche die randliche Aufwulstung der Grabenränder erzeugen. Das von verschiedenen Autoren bezeugte Einfallen der Basaltformationen gegen das Inselinnere spricht deshalb eher für das Vorhandensein eines zentralen Horstes als eines Grabens.

Gegen die Horsthypothese ließe sich anführen, daß an einigen Stellen die ältere basaltische Randformation sich hoch über die zentrale Zone erhebt, so zum Beispiel das Esjagebirge an der Südwestküste oder die Basalte westlich des Bardartalabsturzes an der Nordküste. Dies sind die Stellen, die schon rein topographisch die Vorstellung eines zentralisländischen Grabens haben aufkommen lassen. Diese Abstürze können sich aber auch auf erosiver Basis erklären. Die zentrale Horstanlage hätte sicher eine sehr alte Tradition. In den Horstgebieten wirkte die Erosion am kräftigsten, wodurch die Deckbasalte in der Zentralzone viel rascher abgetragen wurden als in den Randzonen. Sobald die Erosion die weichen Tuffe erreichte, arbeitete sie in denselben sehr viel rascher, besonders gegen die Küsten hin, wo erosiv stärker tätige Ströme oder Gletscher ihre Tätigkeit entfalteten. Dadurch konnten dann gegen die Uferzonen hin erosiv herausgearbeitete Abstürze der widerstandsfähigeren Basalttafeln gegen die erodierten Tuffniederungen entstehen.

Herr *Hawkes* hatte die Freundlichkeit, mich darauf aufmerksam zu machen, daß die marinen Pliozänablagerungen bei Tjörnes in Nordisland auf älteren Basalten auflagern, welche gegen Westen hin auf der Westseite des Bardartalabsturzes eine viel höhere Lage einnehmen, so daß auch stratigraphisch der Eindruck einer Grabenstruktur erweckt werde. Obwohl diese Argumentation plausibel erscheinen mag, lassen sich doch so viele Möglichkeiten für andere Erklärungen der Verhältnisse denken, daß ich dieses Gegenargument nicht als zwingend anerkennen kann. Die verglichenen Punkte liegen über 20 km auseinander, eine genaue Parallelisierung der Basaltbänke ist bekanntlich nicht möglich, vorpliozäne Reliefverhältnisse, individuelle Blockverstellungen längs des Inselrandes usw. können bestimmend mitgewirkt haben. Die Entscheidung des Gesamtproblems liegt meines Erachtens vor allem in der Abklärung der Lagerungsverhältnisse von Tuff und Basalt auf Snaefellsnes und in gewissen Tälern der Nordprovinzen sowie in den Randgebieten zwischen der Zentralzone und den älteren Randbasalten.

D. Junge vulkano-tektonische Gebirgsbildung in Island.

Tektonische Entstehung isländischer Bergformen.

Der Tuff bildet in der jungvulkanischen Zone häufig die höchsten Erhebungen und Gräte, so daß auf den ersten Blick leicht der Eindruck hervorgerufen wird, er liege stratigraphisch höher als die Basalte. Wie sollen nun diese Tuffberge erklärt werden? Verschiedene Autoren haben die eigentümlichen Tuffkegel, wie beispielsweise Helgafell (Bild 18, Tafel IX) und Keilir in Südwestisland als quartäre Tuffvulkane angesprochen. Es ist aber ausgeschlossen, daß es sich um Vulkane handelt, da die innere Struktur keine lokale Aufschüttung erkennen läßt. Sieht man von dieser besondern Auslegung ab, so spalten sich die bisherigen Meinungen in zwei Lager: die eine Gruppe der Autoren ist der Ansicht, daß es sich um Erosionsformen handelt, d. h. um reliktische Zeugenberge (*Spethmann, Öting, Iwan* u. a.), die andere Gruppe sieht eine tektonische Entstehung als gegeben an. Vor allem *Reck* hat sich als einer der ersten sehr positiv zu der Ansicht bekannt, daß Tuffgräte wie Sveifluháls, oder hochragende Schollen wie der Herdubreid postglazialer tektonischer Entstehung seien. In ähnlichem Sinne haben sich später *Nielsen* und *Keindl* geäußert. An Hand meiner Begehungen bin ich ebenfalls vollständig zu der Überzeugung gelangt, daß spät- bis postglaziale Verwerfungen die Großzahl der Bergformen geschaffen haben müssen, welche man in der isländischen Zentralzone heute antrifft. Ähnliches gilt auch für die Heraushebung der Zentralachse der Snaefellsneshalbinsel in Form eines Horstes. Deutlich postglazialer Entstehung (also vermutlich jünger als 10,000 Jahre) sind die Tuffgräte um Krisuvik (gegen 400 m hoch). Ebensowenig kann man an der jungtektonischen, wenn auch vielleicht nicht postglazialen Entstehung des Hengillgebirges zweifeln (800 m hoch). Der Hestfjall (zirka 300 m hoch) ist bis hoch hinauf mit Moränen überkleistert, muß also schon während der Glazialzeit entstanden sein.

In manchen Fällen ist der Nachweis einer tektonischen Entstehung kaum zu erbringen, weil bekanntlich bei jungen Vertikalstörungen Gehängeschutt, Schichtabgleitungen usw. die direkten tektonischen Verwerfungsspuren verdecken, so daß beim Fehlen vergleichbarer stratigraphischer Horizonte nichts Definitives bewiesen werden kann. Folgende Erscheinungen dürften jedoch den tektonischen Charakter der Berge zur Genüge klarstellen:

1. *Postglaziale Verstellung von Basaltdecken mit Glazialschliff.*

Nielsen (1933) hat die junge Tektonik durch den Umstand begründet, daß in Südwestisland die Plateauhochflächen eine glaziale Schrammung tragen, welche sich bei den heutigen topographischen Verhältnissen nicht mehr erklären läßt. Man hat in der Tat bei vielen Hochplateaus, zum Beispiel im Hengillgebirge, den Eindruck von glazialer Glättung. Allerdings sind diese Hochflächen atmosphärisch so stark angegriffen, daß ich, persönlich wenigstens, dort keine einwandfreien Schliffspuren feststellen konnte.

Anders liegen die Verhältnisse bei Krisuvik. In der dortigen Niederung können auf der Lava vielfach Gletscherschliffe gefunden werden, welche NNE streichen. Oben auf dem Plateau des Geitahlid liegen ähnliche Laven, welche jedoch nur wenige Meter dick den Palagonittuff überdecken. An verschiedenen Stellen konnten auf diesem Plateau ähnlich laufende Gletscherschliffe entdeckt werden, und in unmittelbarer Nähe des Westabbruches waren dieselben nach Wegkratzen einer schützenden Schicht von erstaunlicher Frische. Am Fuße dieses Steilabfalles, zirka 120 Meter tiefer, liegen wieder glazialgeschliffene Basaltdecken, welche offenbar tektonisch in verschieden hochliegende Stufen zerbrochen sind. Die Richtung des Schliffes ist immer die gleiche, so daß kein Zweifel aufkommen dürfte, daß das ganze Gebiet postglazial starke Verwerfungen erfahren hat. Außerdem konnten am Südfuße des Geitahlid einige vermutlich tektonisch steilgestellte Tuffhorizonte (Verwerfungszone!) festgestellt werden.

Ähnliche Verhältnisse zeigt bei Krisuvik der langgestreckte Tuffgratberg Sveifluháls. Er besteht aus wildzerrissenen Tuffmassen, in denen stellenweise vertikal gestellte Tuffe eine tektonische Durchbewegung erkennen lassen. Auf diesen Tuffrücken liegen nun noch die Reste einer zerbrochenen Basaltplatte, oft einer zerrissenen Haut vergleichbar, welche die Berghänge in gekippter Lage überspannt. Die Oberfläche dieser Basaltplatte ist dort, wo sie in zusammenhängenderen Stücken auftritt, so glatt, daß eine Gletscherschliffglättung wahrscheinlich ist.

2. *Stufenförmige Verstellungen und tektonische Kippungen von Basaltplateaus.*

Derartige Verhältnisse, welche tektonische Vorgänge erweisen, können verschiedentlich beobachtet werden. Besonders schönen Beispielen begegnet man im Hengillgebirge, wo am Nordabbruch und gegen den Thingvallasee hin prächtige, oft treppenartige Abbruchstufen zu beobachten sind (Bild 19, Tafel IX).

Anscheinend tektonisch geneigte Basaltdecken findet man an verschiedenen Orten in Südwestisland (zum Beispiel Landschaft Hreppar). Manche der auffälligen Zeugenberge wie Hestfjall, Burfjell an der Pjorsá erscheinen wie gekippte, hochgehobene Schollen.

3. Steilgestellte Schichten und Rutschharnische

können an den Bergflanken verschiedentlich beobachtet werden, zum Beispiel Geitahlid. Weitere Beispiele fanden sich am Arnafjell bei Krisuvik (Rutschharnisch), am Lodmundur im Torfajökullgebiet (steilgestellte Schichten) usw.

4. Innere tektonische Störungen in den Horstbergen.

Selbst plateauartige Heraushebungen, wie der Ingolfsfjall, haben keine flache Oberfläche, wie man sie für erosive Zeugenberge aus einem Basaltplateau annehmen sollte. Die Deckbasalte zeigen Verstellungen an, welche innere tektonische Störungen andeuten. Bei engspannigen Tuffgebirgen sind im Tuff innere Bewegungen zu erkennen, zum Beispiel senkrecht gestellte Tuffbänke in Sveifluhálsgebirge. Ähnliches konnte ich auch am Lodmundur im Torfajökullgebirge beobachten. Tektonisch zermürbte Zonen, in welchen der Tuff in kleine, zentimetergroße Elemente zerbröselt ist, finden sich von Zeit zu Zeit. Eine solche Zermürbungszone liegt an der Ostseite des Grönadals (Hengillgebirge) und zieht von dort weiter nach NW. Etwas Ähnliches läßt sich an der Stelle beobachten, wo der Weg von Hafnarfördur nach Krisuvik den Vesturháls kreuzt. In diesen Zermürbungszonen können gelegentlich kegelförmige Auftreibungen gefunden werden, welche zu eigentlichen Kegelbergen aus solchem Zermürbungsmaterial auswachsen können. Ein derartig elliptisch nach NE gestreckter Kegel liegt 1,5 km nordöstlich der heißen Quellen von Seltun. Eine Serie von solchen Kegeln, nach NE aufgereiht, findet man nördlich des Geitahlid (Bild 15, Tafel VII).

5. Orientierung der Berge nach den tektonischen Strukturrichtungen.

Die streng nach NE ausgerichtete Orientierung vieler Teile SW-Islands, so vor allem der Gebirge auf der Reikjaneshalbinsel, welche mit entsprechend laufenden Spalteneruptionen parallel gehen, lassen nur die Möglichkeit einer tektonischen Reliefierung zu. Man erkennt dabei, daß sich längs dieser tektonischen Zonen verschiedene Bergformen ablösen können. Der auffällige Tuffberg des Helgafells (Bild 18, Tafel IX), welcher als Einzelerscheinung einem erosiven Zeugenberge gleichen könnte, liegt genau in der tektonischen Fortsetzung des Sveifluhálses, der sicher tektonischer Entstehung ist. Demnach werden auch der Helgafell und ähnliche Berge, zum Beispiel Keilir, tektonischer Entstehung sein. Statt solcher Kegelberge können, in Fortsetzung von Tuffgratgebirgen, abrupt über die Umgebung emporragende Plateaus mit senkrechten Wänden aufsteigen. Beispiele sind Hlödufell und Skridan nordöstlich des Thingvallasees.

Derartige Betrachtungen und Vergleiche lassen es als wahrscheinlich erscheinen, daß wohl die meisten der markanteren Bergformen in Südwestisland und auch in der übrigen jungvulkanischen Zentralzone Islands tektonischer Entstehung sind. *Reck* und andere Autoren nahmen nun an, daß diese Berge Horste darstellen, welche beim allgemeinen Einbruch der jungvulkanischen Grabenzone auf dem früheren höheren Niveau stehengeblieben seien. Auf eine andere Erklärung bin ich in der Literatur nicht gestoßen. Meines Erachtens handelt es sich um eine vulkanische Aufstoßungstektonik (*Sonder* 1938 a), welche man in Anlehnung an bekannte Begriffe auch als Lakkolithtektonik bezeichnen könnte. Solche Berge kommen auch anderswo vor, wie aus *Buchers* Darlegungen hervorgeht (1933). Auch die Salzhorsttektonik dürfte mit diesen magmatischen Aufstoßhorsten eine gewisse Ähnlichkeit haben. Während anderswo solche Gebirgsbildung immerhin relativ selten ist, handelt es sich in Island um Vorgänge größten Maßstabes, welche der jungvulkanischen Zone die charakteristischen Züge verleihen.

Gebirgsbildung durch magmatische Aufstoßung.

Eine große Anzahl von Tatsachen spricht dafür, daß die Tuffberge Islands auf magmatische Abhebungen lakkolithischer Natur zurückgehen. Nachstehend führe ich einige der Hauptgründe an.

1. Anzeichen für eine tektonische Hochbewegung der Horstberge.

Wie schon aus den vorstehenden Angaben über den tektonischen Charakter der Berge hervorgeht, finden sich in vielen Tuffbergen Anzeichen von tektonischer Durchbewegung, das heißt die Tuffmassen, die heute die Berge bilden, haben sich bewegt. Dieses läßt sich nicht sehr gut mit der Vorstellung vereinbaren, daß die Tuffberge bei Einbruch der umgebenden Niederungen ungestört auf ihrem früheren Niveau stehengeblieben seien. Es ist schwieriger, den Nachweis einer absoluten Hochbewegung der Tuffberge zu erbringen, weil kein Bezugsniveau vorhanden ist. Immerhin scheint auf der Snaefellsneshalbinsel eine derartige Hochbewegung direkt nachweisbar. Dort habe ich, ungefähr auf der Höhe des Passes von Grundarfjord nach S, Gerölle von relativ sauren, holokristallinen Eruptivgesteinen gefunden, welche sich in der gegenwärtigen Höhenlage nicht gebildet haben können. Ähnliche Gerölle findet man nach Abstieg über die Bruchstufe in der vorgelagerten Tiefebene nach S, wo sie möglicherweise eine Strandbildung darstellen.

2. Lavaaustritte an den Bergflanken.

Sehr viele Tuffgratgebirge Islands sind von Lavaaustritten begleitet, die längs parallelstreichender Spalten am Fuße dieser Grate zutage treten. Die Gebirge Sveifluháls und Trölladyngja auf der Halbinsel Reykjanes bilden typische Beispiele für diese Entwicklung (Bild 20, Tafel X). Auch in Mittel- und Nordisland findet sich nach der Karte von *Thoroddsen* eine große Anzahl solcher Beispiele.

3. Tuffgrate gehen in Spalteneruptionen über.

Es gibt eine Anzahl von Fällen, bei denen in der genauen Fortsetzung von Tuffgraten Spalteneruptionen stattgefunden haben. Es gibt andere Fälle, wo die Fortsetzungen von Tuffgraten auf Schildvulkane hinweisen. Diese Tatsachen deuten an, daß die oberflächliche Spalteneruption anscheinend nur ein Äquivalent ist für die Tuffgratbildung. Über der tiefreichenden Förderungsspalte bauen sich statt Spalteneruptionen und Schildvulkanen, gewissermaßen als Ersatz, Tuffgratberge auf, wobei es dann nicht, oder nur in vermindertem Maße, zum Lavaaustritt kommt. Da diese Tatsachen einen besonders sprechenden Beleg für die magmatische Aufstoßtheorie bilden, möchte ich einige der zahlreichen Beispiele anführen.

Im Bereich des Trölladyngjagebirges löst sich der Langhorst des Vesturháls in verschiedene Untergrate auf, von denen die Trölladyngjaspitze im Nordwesten der markanteste ist. Es handelt sich um einen scharfen nach NE streichenden Grat, welcher in seiner höchsten Erhebung 240 m über das Umland emporgetrieben ist. An der fast senkrechten NW-Flanke befindet sich, nach SW hin, am Fuße eine Serie von Kratern. Nach NE hin sinkt jedoch das Gebirge rasch ab und verschwindet, wobei in der Fortsetzung basaltische Spratzkegel zu beobachten sind, denen in postglazialer Zeit offenbar gewaltige Lavamengen entströmt sind. Noch weiter NE-wärts liegt hinter diesen Spratzkegeln erneut eine geringe Tuffauftreibung, der Lambáfell.

Der Karte von *Thoroddsen* kann man entnehmen, daß die große Eruptionsspalte Sveinagjá gegen S hin ihre Fortsetzung in einem Tuffrücken findet. Dieser Tuffrücken streicht seinerseits auf den östlichen Tuffgrat der Askja, wobei er aber lang vorher verschwindet. Es könnte sich um eine einheitliche Spalte handeln, längs welcher es teilweise zu oberflächlichen Lav.aausbrüchen, teilweise zu Aufstoßung von Tuffgraten gekommen ist, während an andern Stellen der Kluft die Lavaförderung ganz unterblieben ist. Diese Vermutung hat im Jahre 1875 vulkanologisch eine Bekräftigung erhalten, indem nämlich in diesem Jahre die Askja und Sveingjá miteinander tätig waren. Aus *Thoroddsens* Angaben geht hervor, daß dabei deutlich ein alternativer Ausbruchsrhythmus beobachtbar war, woraus schon *Thoroddsen* einen Zusammenhang der beiden Vulkansysteme durch eine tiefere Spalte ableitete. Einige Beispiele, wo Tuffrücken scharf auf die Spitze von Schildvulkanen hinzeigen, sind die folgenden: Der Tuffgrat Phrihyrningur weist auf den Schildvulkan Trölladyngja hin. Der Schildvulkan Kollótta Dyngja liegt am Schnittpunkt von verschiedenen Tuffgratsystemen, nämlich: des Herdubreidarfjöll im N davon, des Herdubreid und Fagradalsfjall im SE von ihm und einer weiteren Tuffgratkette mit Spalteneruptionen SSW des Vulkans. Der Herdubreid, der nach *Reck* ein ehemaliger Schildvulkan sein soll, heute aber ein hochgehobener Horst ist, hat südlich einen auf ihn hinweisenden Tuffgrat, den Herdubreidartögl.

4. Sprengtrichter auf Tuffhorsten.

Verschiedentlich machen sich auf dem Dach von gehobenen Plateaus explosive Erscheinungen geltend, was darauf schließen läßt, daß dieselben vom Magma unterlagert sind. Ein derartiges Beispiel bildet der Geitahlid bei Krisuvik, welcher am Westende des Plateaus einen Gipfelkegel mit einem tiefen Explosionstrichter besitzt, der jedoch keinerlei Lava gefördert hat. Einen ähnlichen Fall fand ich im Hengillgebirge. Auf dem Plateau des Tjarnahnúkur, das von Basalt gebildet wird, sitzt in Punkt 520 ein großer, relativ frischer Aschenkegel mit Krater. Auch aus dem übrigen Island sind derartige Vorkommnisse gemeldet.

5. Tuffhorstvulkane.

Neben den Schildvulkanen, die heute alle in Island erloschen sind, gibt es dort noch einen andern isländischen Vulkantypus, zu dem anscheinend alle heute tätigen Vulkane gehören: den Tuffhorstvulkan. Ich konnte keinen dieser Vulkane selbst besuchen, doch hatte ich immerhin Gelegenheit, den Vulkan Hekla und den Snaefellsnesjökull aus der Nähe zu beobachten. Nach meinen Beobachtungen und den bestehenden Beschreibungen bauen sich beide Vulkane auf einem breiteren Tuffhorst auf. Es ist vulkanologisch nicht richtig, wenn man sich dabei große Vulkanbauten vorstellt oder wenn *Thoroddsen* zum Beispiel sagt, der Snaefellsnesjökull sei als Vulkan an Größe dem Vesuv vergleichbar. Während der Vesuv anscheinend in seinem ganzen Bau ein Aufschüttungskegel ist, sind Snaefellsnesjökull und Hekla mit ihrer Basis und damit ihrer Hauptmasse Tuffberge, über welche sich oben um einen Abzugsschlot herum ein Aschen- und Lavakegel aufgebaut hat. Meines Erachtens handelt es sich beim Tuffberg um eine lakkolithische Tuffaufstülpung, welche mit ihrem Volumen gewissermaßen einen Maßstab abgibt für die Herdgröße. Diese Herdgröße muß offenbar als klein bezeichnet werden, verglichen mit den Herden, welche so große Vulkanbauten wie beispielsweise den Vesuv aufgebaut haben. Dementsprechend sind auch die Aufschüttungskegel auf den Tuffhorsten selbst relativ klein, und es scheint dieser Vulkantyp Islands meist relativ kurzlebig zu sein.

Vom Heklavulkan weiß man, daß er ziemlich tätig ist. Von 1100 bis 1900 sind zwanzig geschichtliche Ausbrüche registriert, und es ist anzunehmen, daß er zirka dreimal pro Jahrhundert einen größeren Ausbruch gehabt hat. Über die Vulkane, welche unter dem Eispanzer der Gletscher liegen, ist man weniger gut unterrichtet. Vom Oraefajökull kennt man einen geschichtlichen Bimssteinausbruch. Auch unter dem Torfajökullgebiet liegt ein offensichtlich in der Abkühlung und Differentiation schon stark fortgeschrittener Magmakörper, welcher wohl vor noch nicht sehr langer Zeit einige liparitische Magmen an die Oberfläche stieß. Der letzte Ausbruch der Askjá war ebenfalls liparitisch. Vom Snaefellsnesjökull sind geschichtliche Ausbrüche nicht bekannt. Die letzten Eruptionen dieses Vulkans waren aber saurer Natur.

Die nachfolgenden Schlüsse lassen sich aus den geschilderten Verhältnissen ziehen: Kleinere Lakkolithe in Form von kleineren Kuppen, Graten usw. können kaum Anlaß geben zu dauernden vulkanischen Erscheinungen, weil die vorhandenen Energien zu gering sind. Falls es zu vulkanischen Manifestationen an der Oberfläche kommt, führen sie zu Seitenausbrüchen, welche längs der seitlichen Verwerfungsflächen aufgedrungen sind. Gelegentliche Entgasungserscheinungen können sich auch in Form von Sprengtrichterbildungen, Aschenkegeln oder Solfathermen auf den Rücken dieser Kuppen äußern.

Sobald sich jedoch ein größerer Lakkolithherd nahe der Oberfläche bildet, wobei möglicherweise der Zufuhrkanal der Tiefe einige Zeit offen erhalten bleibt, werden die Bedingungen günstig für das Entstehen eines relativ kurzlebigen Lakkolithvulkans. Dieser wird in kurzen Abständen immer wieder ausbrechen, weil er einer raschen Abkühlung unterworfen ist. Sobald die Verbindung nach der Tiefe sich verstopft, wird die

Differentiation saure Magmen zeitigen, deren Eruption die vulkanische Tätigkeit abschließt. Es darf vermutet werden, daß die verschiedenen liparitischen Magmen, welche da und dort auf Island auftreten, ihre Entstehung derartigen lakkolithischen Kleinherden verdanken, welche immerhin so groß waren, daß eine verlangsamte Abkühlung eine Herddifferentiation erlaubte.

Abschließende Betrachtungen.

Das Tatsachenmaterial, welches die Existenz von magmatischen Aufstoßungen belegt, ist so vielfältig, daß man nicht daran zweifeln kann, daß es sich bei den meisten Bergen der Zentralzone um eine in Tektonik umgesetzte Ausbruchsart handelt. Eine vergleichende Zusammenstellung der verschiedenen Möglichkeiten der magmatischen Tätigkeit, wie man sie auf Island beobachten kann, zeigt ein erstaunlich vielseitiges Bild. Darüber kann die nachfolgende Zusammenstellung orientieren.

1. Effusion ohne lakkolithischen Abhub.

a) Ephemere Basaltextrusionen in Form vereinzelter, verstreuter Krater, häufiger aber in Form von Spaltenausbrüchen.

b) Dauernde basaltische Effusiontätigkeit unter Aufbau von Schildvulkanen. Es ist interessant, daß Spalteneruptionen anscheinend nur kürzere Zeit dauern und dann meist nicht wiederkehren, während die Schildvulkane, die von einer lokalen Stelle Lava fördern, und nicht von einer Spalte, oft eine relativ lange Tätigkeit hinter sich haben. Sie müssen also dauernd durch tiefreichenden Nachschub genährt werden, wobei der Magmapegel so hoch getrieben wird, daß er den Schlot dauernd zum Überfließen bringen kann. Der Umstand, daß alle Schildvulkane Islands heute erloschen sind, dürfte ein Absinken des allgemeinen Magmapegels anzeigen und damit einen Rückgang der vulkanischen Aktivität im allgemeinen.

c) Solfathermale Tätigkeit. Die Lava dringt dabei überhaupt nicht zur Oberfläche, sondern nur die Abzugsgase der Tiefenmagmen.

2. Kombinationen von tektonischer Abhebung und oberflächlicher vulkanischer Tätigkeit.

a) Tuffgrat- und Tuffhorstvulkane wie Hekla und Snaefellsnesjökull.

b) Effusion mit nachfolgender lakkolithischer Hebung. Ein solcher Fall ist nach der Beschreibung von *Reck* der Herdubreid. Derselbe war zuerst als Schildvulkan tätig; darauf scheint plötzlich der zentrale Teil des

Vulkans längs senkrecht stehenden Klüften emporgestiegen zu sein, so daß heute ein mächtiger, viereckiger Horst vorliegt, in dem die Tätigkeit erloschen ist.

c) Mehr ephemere, begleitende magmatische Tätigkeit bei lakkolithischen Abhebungen und Horstbildungen. Bildung von Sprengtrichtern oder Aschenkegeln auf dem Rücken, basaltische Seiteneruptionen längs Spalten, Basalt- und Lipariteffusionen, in späteren Phasen auf dem Rücken. Für alle diese Fälle gibt es zahlreiche Beispiele in ganz Island, welche ich hier nicht weiter angeführt habe, da sie bereits zum Teil erwähnt worden sind.

3. Lakkolithische Abhebungen ohne magmatische Manifestationen.

a) Diapirartige Hügel bis Hügelketten, bestehend aus zerbröseltem Tuffmaterial (Bild 15, Tafel VII).

b) Einzelne, oft lang sich hinstreckende Tuffgrate bis Tuffgratgebirge, welche häufig eine innere tektonische Bewegung erkennen lassen.

c) Kegelberge wie Keilir und Helgafell (Bild 18, Tafel IX).

d) Buckelartige Erhebungen, wie Lodmundur.

e) Schiefgestellte Schollen, wie sie in SW-Island verschiedentlich vorkommen (Bild 19, Tafel IX).

f) Plateauartige Hebungen, wie der Ingolfsfjall.

g) Pseudoschildvulkane. Der Ok gilt in der Literatur Islands mit einer Höhe von 1198 m als einer der größten Schildvulkane Islands. Trotzdem lassen mich einige Beobachtungen an seinen Flanken zweifeln, ob es sich um einen wirklichen Schildvulkan handelt. Von der Kaldidalurstraße beobachtete ich an seiner Flanke einen NE streichenden schmalen Grat, welcher eine Tuffauftreibung ist. Es zeigt sich dabei, daß die Flanke des Ok, die hier schon die normale Neigung von zirka 10° hat, eine wenige Meter mächtige Basaltdecke ist. Leider hatte ich keine Zeit, den Berg näher zu untersuchen. Nach *Thoroddsen* ist der Fantofell am Südabhang des Berges ein ähnlicher Tuffgrat. Der Ok ist also möglicherweise überhaupt kein Schildvulkan, sondern eine schildvulkanähnliche Auftreibung durch eine lakkolithische Tiefenintrusion. Bemerkenswert ist auch, daß der Ok eine Flankenneigung von 8—10° hat, während die Flankenneigung von echten Schildvulkanen meist unter 5° ist. Es gibt vielleicht auf Island noch andere ähnliche Fälle.

Geht man den Ursachen nach, welche eine derartige Lakkolithtektonik begünstigen können, so kann man folgendes feststellen: Überall, wo abrupte Lösung der aufgetriebenen Tuffmassen in Form mehr oder weniger vertikaler Wände festzustellen ist, kann man beobachten, daß diese

Wände meist den maßgebenden Kluftrichtungen im Tuffe parallel gehen. Die seitliche Ablösung vom Umgelände ist durch die im Tuff vorhandene Klüftung erleichtert worden.

Einfache Überlegungen zeigen ferner, daß das Vorhandensein einer mächtigen Tuffdecke das Entstehen solcher lakkolithischer Auftreibungen wesentlich begünstigen muß. Es ist bekannt, daß das basaltische Magma infolge seiner Flüssigkeit und infolge seines hohen spezifischen Gewichtes leicht dazu neigt, in spezifisch leichtere Schichten lagerhaft einzudringen, wobei das überlagernde Deckpaket abgehoben wird. Basaltische Lagergänge, wovon wir bekanntlich ein großartiges Beispiel im Whinsill von Mittelengland haben, sind deshalb weitverbreitet. In Island muß der Basalt eine mächtige Tuffdecke durchbrechen. Am Fuße der Tufformation wird ein geringerer hydrostatischer Druck herrschen als am Fuß einer bis an die Oberfläche reichenden basaltischen Lavasäule. Da der Tuff infolge einer vorhandenen saigeren Klüftung sich leicht von der Umgebung löst, und da er außerdem plastisch leicht verformbar ist, ist es leicht verständlich, daß der Tuff Neigung zeigt, einfach über dem aufsteigenden Basalte zu schwimmen, so daß es statt zu magmatischen Extrusionen zu Extrusionen des Tuffes an der Oberfläche kommt. Es ist ferner möglich, daß der Basalt nachträglich die Tuffe unterschiebt, wodurch dann Erscheinungen ausgelöst werden, wie sie *Reck* am Herdubreid beschrieben hat. Die günstigste Intrusionsfläche muß zweifellos an der Basis der Tuffe gesucht werden, weil dort die größten hydrostatischen Druckdifferenzen existieren.

Die Schildvulkane sind bis zu einem gewissen Grade die hydrostatischen Pegel des Magmaspiegels. Viele Schildvulkane Islands erreichen eine Höhe von zirka 1200 m über Meer. Es müssen nun zwischen der maximalen Aufstoßhöhe der Horste und der maximalen Höhe der Schildvulkane gewisse Beziehungen bestehen, welche gegeben sind durch die Mächtigkeit des lakkolithisch abgehobenen Tuffpaketes. Die Hochhorste können so weit über das höchste Niveau des Basaltes emporsteigen, bis der hydrostatische Druck an der Unterlage des hochgehobenen Tuffberges so groß wird, wie der hydrostatische Druck eines Schildvulkanes auf gleicher Höhe. Es sind nun in Island verschiedentlich solche Hochhorste und Schildvulkane vergesellschaftet, wobei tatsächlich festgestellt werden kann, daß die Tuffhorste eine merklich größere Höhe erreichen können als der benachbarte Schildvulkan. Ich führe hier an den Hochhorst Herdubreid 1660 m hoch, und den ihm benachbarten Schildvulkan Kallötta Dyngja, der 1209 m hoch ist. Eine ähnliche Vergesellschaftung hat man im Schildvulkan Skjaldbreid 1060 m und dem benachbarten Hochhorst Hlödufell, der 1188 m erreicht (Bild 21, Tafel X).

E. Lineamenttektonische Analyse des Inselbaues.

Allgemeines.

Reisen haben mich in den verschiedensten Erdgegenden mit extraorogenen Vulkan- und Schollenlandschaften in Kontakt gebracht. Die dabei gemachten Beobachtungen und weitere theoretische Studien führten mich zu Vorstellungen, welche in verschiedenen Punkten von den hergebrachten Lehrmeinungen abweichen. Die Insel Island ist besonders geeignet, diese neuen Ansichten an Hand eines praktischen Beispiels klarzustellen. Um die nachfolgenden Ausführungen verständlicher zu machen, muß ich einige allgemeine Ausführungen einflechten. Die Begründung aller hier vertretenen Vorstellungen ist aus Raummangel nicht möglich. Es werden jedoch viele der verwendeten Gedankengänge in meiner Abhandlung « Die Lineamenttektonik und ihre Probleme » (1938 a) eingehender erörtert. Zwei weitere Arbeiten: « Großtektonische Probleme des Mittelamerikanischen Raumes » (1936) und « Zur Tektonik des Atlantischen Ozeans » (1939) enthalten ebenfalls allgemeine Ausführungen wie auch praktische Anwendungen, welche die nachfolgenden Darlegungen klären und ergänzen können. Entsprechende Zitate im Text weisen jeweils auf die Stellen hin, welche die nachfolgenden Ausführungen ergänzen.

Die Bodenklüftung spielt eine große Rolle für die Modellierung von Landschaftsbildern, was sich wie folgt erklären läßt:

Die Erdkruste wird durch die Klüfte in ein Schollenmosaik aufgelöst. Präexistierende saigere Klüftungen bestimmen weitgehend die Bewegungsbahnen der vertikalen Verwerfungen und horizontalen Blattverschiebungen, welche bei tektonischer Beunruhigung des Schollenmosaiks einsetzen. Daß Zusammenhänge zwischen der Klüftung und den aktiven tektonischen Störungen bestehen, kann man daran erkennen, daß die tektonischen Orientierungen sehr häufig mit den maßgebenden Kluftrichtungen übereinstimmen.

Auch die rein erosive Landschaftsmodellierung wird häufig dadurch tektonisch bestimmt, daß sie dem tektonisch angelegten Kluftplan folgt. Diese Tatsache kommt einem besonders zum Bewußtsein, wenn man die weitläufigen Diskussionen über das Fjordproblem studiert. *Gregory* (1913) und andere nahmen eine tektonische Entstehung der Fjorde an, weil die Modellierung der Fjorde offensichtlich von tektonischen Leitlinien diktiert wird. Dabei glaubten sie aber, daß Einbrüche oder klaffende Spalten vorlägen. Die Gegner dieser Ansicht bestanden darauf, daß mit wenigen Ausnahmen bei Fjorden tektonische Verwerfungen nicht nachgewiesen werden können, so daß die tektonische Erklärung hinfällig sei. Die Wahrheit liegt meines Erachtens zwischen den beiden Ansichten. Die Anlage vieler Fjorde ist offensichtlich tektonisch, indem die Bodenklüftung dabei eine Rolle gespielt hat. Die Modellierung wurde aber meist nicht durch tektonische Verstellungsbewegungen geschaffen, sondern durch selektive Erosion, welche günstigen Felsaufklüftungen folgte. Überall dort, wo die Eiserosion tätig war, tritt die Bodenklüftung besonders markant in der Landschaftsmodellierung zutage, was in allen zirkumpolaren Regionen immer wieder festgestellt werden kann.

Natürlich gibt es auch Faktoren, welche der erosiven Modellierung im obigen Sinne entgegenstehen. Wo das Gesteinsgerippe durch Schuttmaterial, üppigen Pflanzenwuchs, Lehme und Verwitterungserden überdeckt wird, kann das Wasser weniger leicht Klüfte finden, welche für die weitere Durchtalung leitend werden. In solchen Gegenden wird die Reliefierung nach der Bodenklüftung meist erst dann wirksam, wenn das Kluftmosaik durch irgendwelche tektonische Vorgänge aktiviert wird und dadurch oberflächliche Unstetigkeiten geschaffen werden. Dies gilt insbesonders für humide tropische Regionen, wo Verwitterungs- und Zersetzungprodukte die Klüftungsstruktur des Felsgerippes leicht überkleistern.

Landschaften, die in Abhängigkeit von der Klüftungsstruktur des unterlagernden Felsgerippes tektonisch oder erosiv modelliert wurden, erkennt man sofort daran, daß im Landschaftsbilde « geometrische » Elemente zum Durchbruch gelangen. Solche Elemente sind: geradlinige Erstreckung von Reliefformen, parallele Wiederholungen von gleichorientierten Richtungen, wiederholte Kreuzungen unter bevorzugten Winkeln, wobei Winkel von 45 und 90° besonders häufig sind. In manchen Fällen können auch äquidistante Repetitionen erkannt werden. Island ist ein Musterbeispiel für ein Landschaftsbild mit geometrischen Elementen. Dies hat seinen Grund darin, daß es sich um eine polare Landschaft handelt, wo die Erosion und vor allem die Eiserosion direkt auf dem nackten Felsgerippe arbeiten konnte. Dazu kommt aber noch, daß der Kluftplan des Bodens auch durch tektonische Vorgänge aktiviert wurde, welche Reliefmodellierungen nach sich zogen. Diese kurz skizzierten Zusammenhänge, welche zwischen Bodenrelief und Klüftung bestehen, habe ich anderswo ausführlicher behandelt (1938 b).

Die Methode der lineamenttektonischen Analyse.

Der Zweck einer solchen Analyse ist, die geometrischen Elemente eines Landschaftsbildes herauszufinden und darzustellen. Aus den vorgängigen Bemerkungen kann entnommen werden, daß drei Quellen zur Festlegung der geometrischen Orientierungen zur Verfügung stehen, nämlich:

1. **Die topographischen Formen**, welche man am besten an Hand einer genauen Karte studiert. Für Island verfügt man über die dänische Generalstabskarte 1 : 50,000. Für die Gegenden, für welche sie noch nicht ausgearbeitet ist, habe ich die Karte von *Thoroddsen* verwendet.

2. **Die tektonisch-geologischen Unterlagen** sind der geologischen Karte zu entnehmen. Soweit mir nicht eigene Beobachtungen zur Verfügung standen, habe ich mich vor allem auf *Thoroddsens* Angaben sowie einige neuere Ergänzungen (*Nielsen, Hanneson* u. a.) gestützt.

3. **Die Kluftorientierung** verschafft man sich durch systematische Kluftmessung.

Die Angaben, welche aus diesen Quellen erhältlich sind, müssen eine gewisse statistische Auslese erfahren, damit eine Analyse des tektonisch maßgebenden Kluftplanes möglich wird. Ich bin zu diesem Zwecke wie folgt vorgegangen:

1. *Auswertung der topographischen Unterlagen.*

Man untersucht das geographische Kartenbild auf statistisch häufige geometrische Elemente (parallele Gerade, konstante Winkel, Äquidistanzen usw.). Auf der geographischen Karte Islands braucht man nicht lange zu suchen, um geometrische Elemente zu finden. Die maßgebenden Orientierungen der Bergzüge, Abbruchstufen, Talachsen, Seeufer gehören meistens bestimmten statistisch hervortretenden Orientierungsrichtungen an. Man hat nun nichts anderes zu tun, als derartige Orientierungen durch entsprechende gerade Striche festzulegen, gleichgültig, ob sie tektonischer oder erosiver Modellierung ihren Ursprung verdanken. Es ist klar, daß eine Abbruchstufe oder ein Flußlauf, im Detail gesehen, immer unregelmäßig ist. Das Ganze kann aber statistisch trotzdem auf eine bestimmte Richtung einorientiert sein, welche dann als Analysenelement figuriert. Die Gesamtheit dieser Strichsysteme ergibt eine Strukturkarte, welche die Lineamentierung des untersuchten Gebietes wiedergibt. Da diese Lineamentierung, nach dem, was ich weiter vorn ausgeführt habe, auf ein tektonisches Element, nämlich die Bodenklüftung, zurückgeht, habe ich eine derartige Strukturkarte als lineamenttektonische Karte bezeichnet.

2. Die tektonisch-geologischen Unterlagen.

Von diesen Unterlagen werden in die lineamenttektonische Analyse nachgewiesene Bruchsysteme aufgenommen, welche man ebenfalls, trotz lokaler Unregelmäßigkeiten, in ihrer Tendenz durch gerade Striche wiedergeben kann. Viele Geologen werden finden, daß nachgewiesene Brüche für die Beurteilung eines tektonischen Landschaftsbildes besonders wichtig sind. Nach meinen Erfahrungen ist dies ein Irrtum, weil die wichtigsten tektonischen Störungen jungen Alters oft nur vermutet werden können, wenn stratigraphische Bezugshorizonte fehlen. Die Störungen laufen ja parallel zu Abbrüchen im Gelände und sind deshalb meist durch Gehängeschutt verdeckt. Unwichtigere tektonische Störungen, welche das Relief queren, kann man oft viel leichter auffinden und dementsprechend kartieren, wodurch eine gewisse Verfälschung der wahren statistischen Verhältnisse in bezug auf vorherrschende Bruchlinien eintreten kann. Dies wird korrigiert, wenn man Bruchlinien in der lineamenttektonischen Analyse gleichwertig behandelt, wie die orientierte Reliefierung im allgemeinen.

Von großer Wichtigkeit ist die genaue Eintragung aller magmatischen Extrusionspunkte (die oberflächliche Lavenverbreitung interessiert nicht), ferner die Verteilung der Solfathermen. Die möglichst genaue Erfassung des vulkanischen Phänomens in der angestrebten lineamenttektonischen Skizze ist deshalb von so großer Wichtigkeit, weil das bewegliche magmatische Element besonders empfindlich auf die mechanischen Zustände des Schollenmosaiks reagiert und überall dort ein- und durchgedrungen ist, wo durch torsionelle Effekte usw. Kluft- und Spaltenlockerungen eingetreten sind. Die Verteilung der geologischen Formationen kann nur dann für die Zwecke unserer Analyse wichtig sein, wenn ihre Verbreitung durch lineamenttektonische Faktoren bestimmt wird. Im Falle Islands trifft dies für die Verteilung der Tuffe und der älteren Basaltformation zu, weil sich darin die tektonische Verwerfungsstruktur der ganzen Insel widerspiegelt.

3. Kluftmessungen.

Systematische Kluftmessungen können nach den gegebenen Voraussetzungen nur als Kontrolle der lineamenttektonischen Analyse angesehen werden, indem die lineamenttektonisch wichtigen Orientierungen in einer statistischen Kluftrosette enthalten sein müssen. Es muß sich um eine Kluftrosette handeln, welche auf viele Messungen zurückgeht, weil Einzelklüfte auch unregelmäßig verlaufen können. Man kann allerdings aus einer Kluftrosette nicht ohne weiteres eine lineamenttektonische Struktur-

skizze einer Gegend entwerfen, weil nicht alle statistisch markanten Kluft-
systeme die lineamenttektonische Reliefierung der Landschaft im gleichen
Maße beeinflußt haben müssen.

In Island enthält die Tufformation schöne Klüftungssysteme, welche
sich, soweit meine Messungen reichen, hauptsächlich auf die Richtungen
einstellen, welche auch durch die lineamenttektonische Analyse von
Gesamtisland gefunden werden. In den Basaltplateaus ist eine Kluftmessung mehr oder weniger illusorisch, weil die Basalte von einer reichlichen
Spezialklüftung in Form von Abkühlungsklüften usw. durchzogen sind.

Die Ergebnisse einer lineamenttektonischen Analyse des isländischen
Bodens, welche auf die vorstehenden Tatsachen aufbaut, sind in Tafel XI
und XII enthalten. Diese Karten zeigen verschiedene bemerkenswerte
Resultate, welche ich nun besprechen werde.

Die maßgeblichen Hauptorientierungen.

Für Südwestisland ist eine Nordostrichtung, welche zirka N 35—45° E
streicht, die dominierende Komponente. Dieser Richtung gehören viele
Hügelzüge, Spalten und Spalteneruptionen an.

Daneben existiert eine zweite NE-Tendenz, welche im Bereiche des
Vulkans Hekla deutlicher wird und welche auch in einigen Teilen der
Snaefellsneshalbinsel angezeigt ist. Das mittlere Streichen dieser Richtung
ist N 50—60° E.

Lokal fallen hie und da NW-Orientierungen auf, zum Beispiel im
Bereich der Bucht von Reykjavik. Auf der Snaefellsneshalbinsel sind vulkanische Eruptionspunkte nach NW aufgereiht.

Ferner finden sich einige NS-Orientierungen besonders im Gebiete von
Ingolfsfjall und im Hengillgebirge. In den größeren Landschaftszügen
treten uns EW-gerichtete Orientierungen entgegen, so vor allem in der
Snaefellsneshalbinsel und der Reykjaneshalbinsel.

Thoroddsen betont in seiner Darlegung die Existenz von bogenförmigen
Brüchen um die Bucht von Faxaflói. Die lineamenttektonische Skizze
zeigt, daß das detaillierte Landschaftsbild keine Anzeichen von solchen
Brüchen enthält. *Thoroddsens* Vorstellungen scheinen weniger auf der
direkten Beobachtung von solchen Bruchlinien zu basieren, als vielmehr
auf dem Umstand, daß die vulkanogenen Aktivierungen auf der Snaefellsneshalbinsel in gewissem Grade sich bogenförmig um die Faxaflói-
bucht anordnen. Die lineamenttektonische Skizze zeigt, daß die magmatischen Ausbrüche längs NW-gerichteten Spalten emporgedrungen sind.
Ich kann mich infolgedessen *Thoroddsens* Meinung von bogenförmigen
Kesselbrüchen in diesem Gebiete nicht anschließen. Ähnliches gilt ver-

mutlich auch für die bogenförmigen Brüche, die *Thoroddsen* für die NW-Halbinsel konstruiert hat.

Die orientierten Richtungen, welche sich auf diese Weise in SW-Island finden, trifft man wieder, wenn man die ganze Insel in die Betrachtungen einbezieht. Neue Orientierungsrichtungen treten dabei nicht auf, doch kann man erkennen, daß Richtungen, welche in SW-Island nur in lokalen « Nestern » auftreten, in andern Teilen der Insel größere regionale Verbreitung erlangen.

Die Hauptkluftsysteme.

Es ist bekannt, daß die einfachste Klüftung meist in Form eines Systems auftritt, indem einer bestimmten Richtung eine Gegenrichtung zugeordnet ist, welche mit der ersten Richtung annähernd einen rechten Winkel bildet. Vereinigt man die statistischen Hauptorientierungen des isländischen Landschaftsbildes in einer Orientierungsrosette, so stellt man fest, daß die gefundenen Richtungen sich verschiedenen, genau definierbaren Systemen zuordnen lassen. Ich führe diese Systeme nach abnehmender Wichtigkeit geordnet auf; die in Klammern beigefügten Namen der Systeme werde ich später begründen.

S y s t e m A (afrikanisch). Der Großteil der jungen vulkanogenen Aktivierung ist nach diesem System orientiert. Die Hauptrichtung weist N 35—45° E, die korrespondierende Gegenrichtung N 50—55° W.

S y s t e m B (amerikanisch). Die meisten vulkanogenen Aktivierungen, welche nicht dem System A angehören, sind auf NS-Richtung einorientiert, welcher eine EW-Gegenrichtung entspricht.

S y s t e m C (atlantisch). Der Vulkan Hekla in SW-Island gehört der NE-Komponente dieses Systems an, für welche die Richtung N 50—60° E maßgebend ist. Vielleicht treten zwischen Vatnajökull und Torfajökull sowie in einem der Buckel des Vatnajökulls ebenfalls solche Richtungen auf. Als korrespondierende Gegenkomponente N 27—30° W findet man ein großes Gebiet des mittleren N-Islands, das so einorientiert ist.

S y s t e m D. Nach *Thoroddsen* haben gewisse Vulkanspalten nördlich des Vatnajökulls die Richtung N 20—30° E; vereinzelt habe ich diese Richtung auch im Hengillgebirge gemessen. Nach *Rittmann* streichen die Vulkanspalten bei Myvatn NNE. Einige Täler des Borgarfjords (Lundarreykirdalir), ferner gewisse Buckel des Torfajökullgebietes (zum Beispiel Lodmundur) streichen N zirka 65° W, also in der korrespondierenden Gegenrichtung. Diese Richtungen sind selten und lokalerer Verbreitung, so daß es sich auf alle Fälle nur um ein untergeordnetes Klüftungssystem handeln kann.

Die lineamenttektonischen Provinzen.

Das Studium der Lineamentierungsskizze von ganz Island (Tafel XII) läßt erkennen, daß die Insel regional verschieden lineamentiert ist. Dies erlaubt Lineamentierungsprovinzen abzugrenzen, welche sich kurz wie folgt definieren lassen:

P r o v i n z I (Südprovinz). Sie enthält hauptsächlich die Nordost-orientierung von System A. Nesterartig sind andere Orientierungsrichtungen eingeschaltet, welche dann immer dem einen oder andern der vorgenannten Hauptorientierungssysteme angehören.

P r o v i n z II (Nord-Nordostprovinz). Sie enthält hauptsächlich die Nordkomponente des Systems B.

P r o v i n z III (Westprovinz). Hier beobachtet man die beiden Komponenten des Kluftsystems A. Untergeordnet treten auch noch andere Richtungen auf.

P r o v i n z IV (Nordwestprovinz). Sie enthält das System A. Die Fjordbildung folgt hauptsächlich der Nordwestkomponente, kleinere Reliefformen auch der Nordostkomponente. Stellenweise treten Nordsüd-richtungen auf.

P r o v i n z V. Sie enthält überwiegend die Nordwestkomponente von System C.

P r o v i n z VI (Ostprovinz). Hier finden sich verschiedene Richtungen, wobei kein System eine dominierende Stellung einzunehmen scheint.

Zwischen obigen Provinzen habe ich auf der lineamenttektonischen Skizze Grenzen gezogen, welche in bezug auf ihre Geradlinigkeit zweifellos stark systematisiert sind. Manchmal kann man auch im Zweifel sein, wo die genauere Grenze zu ziehen wäre. Ein solcher Fall liegt beispielsweise bei der Grenze von Provinz V mit Provinz II vor. Stellt man auf die Tuffverbreitung ab, welche vermutlich tektonisch begründet ist, so ergibt sich eine Grenzlage, wie auf der Skizze angenommen ist. Rein lineamenttektonisch müßte die Grenze eher bei der punktierten Linie gezogen werden.

Zonalen und zonale Achsen.

Ganz allgemein kann man beim Studium von Schollenländern feststellen, daß die tektonischen Störungen, handle es sich nun um Vulkanismus oder um Verwerfungen, nicht gleichmäßig auf das gesamte Gebiet verteilt sind, sondern daß sie sich in bestimmten Gebieten häufen. Zur Vervollständigung einer lineamenttektonischen Analyse muß diese ungleichförmige Verteilung der tektonischen Intensität statistisch erfaßt werden. Die Erfahrung zeigt, daß tektonische Störungen sich meist längs langgezogenen Streifen auswirken, welche ich Zonalen genannt habe (1938 b). Durch Linien kann man das Störungsgebiet umgrenzen und somit die Zonale durch « zonale Grenzen » versinnbildlichen. Anderseits kann man auch durch Ziehen einer Geraden längs der Erstreckung der maximalsten Auswirkung eine « zonale Achse » als Sinnbild wählen. Es handelt sich also dabei immer um Symbole geometrischer Natur, die ein statistisches Beobachtungsergebnis ausdrücken wollen. Eine ganze Reihe solcher zonaler Achsen können auf der lineamenttektonischen Skizze Islands eingetragen werden. Ich werde auf dieselben bei der Diskussion der Gesamttektonik der Insel zurückkommen.

Zum Abschluß möchte ich betonen, daß das Gesamtbild einer lineamenttektonischen Analyse nicht identifiziert werden darf mit einer rein tektonischen Skizze, welche sich möglichst genau an das gegebene Tatsachenmaterial hält. Allerdings gehen viele Autoren schon bei tektonischen Skizzen über die Wiedergabe des scharf Tatsächlichen hinaus, indem sie systematische Zusammenhänge durch vereinfachte Linienführung darzustellen suchen. Dieses Prinzip ist in der lineamenttektonischen Analyse extremer ausgebaut, weil mit Absicht der geometrische, regelhafte Inhalt der Landschaftsstruktur herausgesucht wird. Dieses Vorgehen findet seine Berechtigung in der Tatsache, daß der statistische Inhalt von Klüftungssystemen systematischen Charakter hat, auch wenn die Einzelkluft unregelmäßig verläuft. Deshalb können auch die Hauptreaktionen eines Schollenmosaiks meist durch einfache geometrische Symbole und vor allem durch Richtungssymbole, d. h. geradlinig ausgedrückt werden. Nur in selteneren Fällen wird man eventuell auf Kurven kommen.

Erst wenn es gelungen ist, aus dem natürlichen Bild einer Landschaft mit Schollentektonik den abstrakten statistischen Inhalt seiner Regelhaftigkeit mit Hilfe einfacher geometrischer Symbole festzulegen, kann man versuchen, aus diesen Elementen eine tektonische Analyse aufzubauen, die über die mechanischen Konstellationen des Schollenmosaiks, welches die Landschaft unterlagert, Aufschluß gibt. Die beigegebene lineamenttektonische Skizze Islands ist ein derartiges Symbolbild, welches statistische Hauptzüge der Inseltektonik erfassen soll. Es bleibt mir nun noch als Schlußaufgabe der Versuch einer geomechanischen Deutung.

F. Zur allgemeinen Tektonik Islands.

Bisherige Ansichten.

1. Einbruchshypothese.

De Geer (1910) und andere haben angenommen, daß die Insel Island
das Reststück einer Landverbindung darstelle, welche an Stelle des heutigen Skandik gesucht werden muß. Längs der Bruchspalten wären die
Basaltmagmen emporgedrungen, und die Insel Island wäre ein von
Effusiva überdecktes Reststück dieser alten Landverbindung. Abgesehen
davon, daß eine solche Erklärung sehr allgemein ist, müssen sich vom
geophysikalischen Standpunkte aus neuerdings Bedenken gegen derartige
Einbruchsvorstellungen erheben. Nach der Isostasielehre und andern Feststellungen sind nämlich ozeanische Niederungen und kontinentale Erhebungen stofflich bedingte Dauerformen, welche kaum auf diese Weise im
großen verschwinden und entstehen können.

2. Kontinentaldrift.

Auch die *Wegener*sche Kontinentalverschiebung ist zur Erklärung der
isländischen Verhältnisse herbeigezogen worden, vor allem von *Nielsen*
(1933). Es mag im Rahmen dieser Theorie verlockend erscheinen, die
isländischen Spaltenausbrüche mit einer atlantischen Drift in Zusammenhang zu bringen. Trotzdem scheint es mir, daß diese Hypothese nicht in
der Lage ist, den verschiedenen Eigentümlichkeiten, die uns im Bau
Islands entgegentreten, gerecht zu werden. Außerdem sind bekanntlich
die Grundlagen der Drifttheorie stark umstritten.

3. Alpine Rückwirkungen.

Eine weitere Ansicht verknüpft die Tektonik Islands, wie überhaupt
alle analogen Vorgänge außerhalb der jungen Faltungsgürtel, mit Rückwirkungen von tektonischen Kräften, welche von den Faltungszonen
ausstrahlen. Solche Kräfte sollen die extraorogene Kruste in Schollen
zerbrechen. Längs den entstehenden Spalten finden Verwerfungen und
Lavadurchbrüche statt. Man hat diese Vorgänge auch schon als « alpine
Contrecoups » bezeichnet *(Argand, Staub)*.

Die nachstehend vorgetragene Ansicht über das Entstehen der Insel
geht andere Wege. Immerhin ergeben sich gewisse Berührungspunkte zur

Vorstellung von den alpinen Contrecoups. Es sind dabei allgemein-geomechanische Betrachtungen nicht ganz zu umgehen, um die vorgetragenen Ansichten verständlicher zu gestalten.

Ursprung der Verwerfungsbahnen in den extraorogenen Krustenfeldern.

Es wird im allgemeinen immer vorausgesetzt, daß die Bewegungsbahnen und Spalten, welche bei tektonischen Vorgängen in extraorogenen Gebieten sichtbar werden, von den Kräften erzeugt werden, welche auch die sichtbaren Bewegungen auslösen. Diese Auffassung dürfte nur in selteneren Fällen stimmen (*Sonder* 1938 b). Überall, wo das Felsgerippe aufgeschlossen ist, findet man die Gesteine von zahlreichen Klüftungssystemen durchzogen, deren Alter in den allerwenigsten Fällen datiert werden kann. Ein Kluftsystem, das junge Schichten durchsetzt, kann nämlich nur der Übertrag einer älteren Tiefenklüftung sein. Die tektonische Tradition der Erdkruste ist uralt, und es ist sicher, daß die tektonischen Umwälzungen schon in längstvergangenen vorpaläozoischen Zeiten eine kristalline Kruste vorgefunden haben, welche durch intensive Aufklüftung mechanisch weitgehend vorbearbeitet war. Es ist ganz undenkbar, daß bei der Ausbildung von jungen Gleitflächen und Spalten nicht in erster Linie die durch alte Tradition vorgebildeten Klüfte bahnweisend gewirkt haben.

Mechanisch gesehen ist die Erdkruste ein durch alte Überlieferung entstandenes Schollenmosaik, dessen Klüftungsstruktur die neueinsetzenden tektonischen Reaktionen weitgehend beeinflussen wird. Jede Analyse der extraorogenen Tektonik hat deshalb darnach zu trachten, die Klüftungsstruktur des Untergrundes zu bestimmen, welche für die tektonische und erosive Reliefierung der untersuchten Gegend maßgebend war. Es muß eine lineamenttektonische Karte geschaffen werden, deren Zustandekommen ich im vorhergehenden Kapitel geschildert habe. Aus dieser Karte geht hervor, daß, trotzdem im Boden Islands wohl überall drei bis vier Klüftungssysteme verbreitet sind, welche auch durch detaillierte Kluftmessungen herausgefunden werden können, regional nur ausgewählte Richtungen die Reliefierung beherrschen. Das bedeutet, daß die tektonische Unruhe unter den vorhandenen Klüften eine Auswahl der mechanisch geeigneten Klüfte vornimmt, welche die nachfolgende Reliefierung bestimmt, so daß regionale Lineamentierungsprovinzen entstehen.

Tangentiale Rindenspannung und Zusammenhang des krustalen Schollenmosaiks.

Angesichts der weitgehenden Aufklüftung der Erdkruste muß man sich fragen, warum magmatische Durchbrüche aus der Unterlage der Kruste nicht mehr in Erscheinung treten. Die Erdkontraktionstheorie, welche ich für richtig erachte, erklärt dies auf folgende Weise: Die Erdkontraktion schafft eine allgemeine tangentiale Spannung in der Kruste, wodurch infolge starker Reibung längs den saigeren Kluftflächen das Schollenmosaik einen derart festen Zusammenhang erhält, daß er sich fast mit dem Zusammenhalt einer gesunden, nicht durchklüfteten Rinde vergleichen läßt.

Wie ich andernorts ausführlicher dargelegt habe (1922), folgt die Erdkruste dem schwindenden Kerne durch entsprechende elastische Kompression infolge steigender tangentialer Spannung. Kritische Spannungszustände führen zu Faltungen, welche elastische Dilatationen und damit eine Herabsetzung der Gesamtspannung nach sich ziehen. Die Erdgeschichte lehrt, daß solche Spannungsentladungen sich sehr häufig ereignet haben. Es besteht dabei die Tendenz, daß die Einzelfaltungen sich zu Großfaltungsphasen vereinigen, welche eine sehr starke allgemeine Herabsetzung der Rindenspannung nach sich ziehen müssen. Am größten wird demnach die mittlere tangentiale Krustenspannung vor der Einsetzung großer Faltungsbewegungen sein, am kleinsten unmittelbar nach solchen Faltungsphasen. Die Kluftreibung wird entsprechende Schwankungen längs saigeren Spalten durchmachen, was natürlich auf die tektonischen Vorgänge im Schollenmosaik von einschneidender Bedeutung ist. Ferner muß hervorgehoben werden, daß diese großen Spannungsschwankungen von kleineren Spannungsschwankungen überlagert werden, da die Faltungsprozesse unregelmäßig oder mit Stockungen ablaufen. An einem bestimmten Punkte der Erdkruste herrscht deshalb nie längere Zeit ein konstanter Spannungszustand. Die tangentiale Spannung verändert sich immer, bald steigt sie, bald sinkt sie. Wichtig ist ferner die Feststellung, daß nach der Theorie die allgemeine Tangentialspannung nie auf Null herabsinken kann, weil auch in den Endphasen einer Faltung beträchtliche Stauchwiderstände zu überwinden sind. Die orogene Bewegung stirbt deshalb ab, lange bevor die allgemeine Krustenspannung auf Null gesunken ist. Um nun das Eintreten von tektonischen Aktivierungen des Schollenmosaiks sowie die Intrusion und Extrusion von Magmen in den extraorogenen Räumen erklären zu können, muß man sich nach zusätzlichen Kräften umsehen, welche Störung in den normalen Verband der Krustenschollen bringen können.

Vertikalwirkende tektonische Kräfte.

1. Elastische Flexuren.

Vertikalwirkende Kräfte können in Form elastischer Verbiegungen ihren Sitz in der Kruste selbst haben. Wohl die häufigste Form solcher

Verbiegungen dürfte die Krustenundation durch sedimentäre Umlagerungen sein. Hochländer werden durch erosiven Abtrag entlastet, Tiefländer belastet. Gemäß dem isostatischen Prinzip steigen die ersteren dabei auf, die letzteren sinken ab. Solange durch Krustenspannung rupturelle Vertikalverschiebungen behindert werden, erleidet die Kruste dabei eine elastische Flexur, mit welcher isostatisch nicht kompensierte Lokalanomalien verbunden sind. Derartige Effekte sind an den Kontinentalrändern besonders groß, wo sie durch den erosiven Transport vom Kontinent zum Meere erzeugt werden. Sobald nun in Faltungsphasen die Rindenspannung sinkt, tritt der Moment ein, wo sich in den elastischen Flexuren rupturelle Ausgleiche einstellen, wobei längs Bruchlinien die Kontinentalränder emporsteigen und die benachbarten Meeresräume absinken. Eine solche rupturell ausgeglichene Kontinentalflexur stellt der Abbruch Skandinaviens gegen den Skandik dar, den bekanntlich andere Geologen als Einbruch einer skandinavisch-grönländischen Landbrücke haben deuten wollen. Es liegt aber nur ein Normalvorgang vor, der noch an vielen Kontinentalrändern in junger Zeit stattgefunden hat. Die skandinavische kontinentale Randflexur dürfte besonders groß gewesen sein, weil hier längs der Küste ein alter kaledonischer Gebirgsrumpf abgetragen wurde. Deshalb findet sich hier heute eine abrupt hohe Steilküste.

2. Saug- und Druckzustände in der magmatischen Unterlage der Rinde.

Ein weiterer häufiger Typus vertikaler Störungen im Schollenmosaik wird anscheinend von der zähflüssigen Unterlage aus erzeugt, auf welcher die Erdkruste schwimmt. Folgende Tatsachen scheinen solche Verhältnisse zu belegen: In ozeanischen Gebieten besteht eine Tendenz zum Aufbau von Schildvulkanen weit über das Meeresniveau hinaus. Diese Vulkane sind gekennzeichnet durch ständigen Ausfluß undifferenzierter basaltischer Lava. Die Insel Island ist voll von solchen jungen Schildvulkanen, welche aber heute alle erloschen sind, so daß für die Insel ein erst in jüngster Zeit erfolgter Rückgang des Magmaspiegels anzunehmen ist. Die Schildvulkane Islands erreichen häufig zirka 1200 m Höhe und geben damit den isländischen Magmapegel an, der noch bis vor kurzem gültig gewesen sein muß. Auch andere ozeanische Inseln enthalten häufig Schildvulkane. Die größten Ausmaße erreichen diese Phänomene im größten Ozean (Hawaiinseln). Auf den Kontinenten sind die Schildvulkane anscheinend viel seltener. Die kontinentalen Vulkane bauen sich meistens über intrakrustalen Großherden auf, wobei die Eruptionen infolge säkularer Abkühlung durch die dabei freiwerdende Gasphase ausgelöst werden. Gleichzeitig fördern diese Vulkane verschiedene Differentiationsprodukte.

Vulkanologisch wird durch obige Tatsachen eine allgemeine Aufstiegstendenz der magmatischen Unterlage vorzugsweise in ozeanischen Gebieten angezeigt. Die neueren Schweremessungen von *Vening Meinesz* (1934) ergeben, daß Kontinente und Ozeane nicht in einem völlig ausbalancierten isostatischen Gleichgewicht zu stehen scheinen, sondern daß die ozeanischen Tafeln eine Überschwere zeigen, welche vermutlich im gegenwärtigen Zustand das Bestehen einer säkularen Senkungstendenz anzeigt. Unter diesen Verhältnissen ist es verständlich, daß das basaltische Magma aus der Unterlage die Tendenz hat, in den ozeanischen Schloten besonders hoch emporzusteigen, wobei ein ständiger Ausfluß und damit die Bildung eines Schildvulkans die Folge sein muß. Da es sich bei Ozeanen und Kontinenten um sehr große Flächen handelt, können die erwähnten Schwereanomalien in der zähflüssigen Unterlage nur langsam ausgeglichen werden. Ein Ausgleich kann etwas rascher erfolgen, wenn gelockerte Krustenelemente beim Aufstieg resp. beim Absinken zurückbleiben. Unter den im Aufstieg befindlichen kontinentalen Flächen wird deshalb eine gewisse Absaugungstendenz vorhanden sein, welche darnach trachtet, Krustenstreifen, welche zwischen relativ gelockerten parallelen Klüften sitzen, zum Absacken zu bringen (Grabenbrüche). Umgekehrt herrschen unter den ozeanischen Flächen Druckzustände, welche den gegenteiligen Effekt anstreben, d. h. darnach trachten, in den gelockerten ozeanischen Zonalen schwellenartige Erhebungen (ozeanische Langhorste) aufzustülpen. Es ist bekannt, daß tatsächlich Grabenstrukturen in den kontinentalen Tafeln eine verbreitete und typische Verwerfungsform sind. Die neuesten Tiefseeforschungen zeigen, daß Tiefseegräben, welche ein Korrelat zu den kontinentalen Gräben bilden könnten, anscheinend fehlen. Langgezogene Grate und Schwellen sind dort dafür häufige Formen. Dies zeugt für komplementäre Verwerfungstendenzen in ozeanischen Böden.

Eine geomechanische Erklärung im Rahmen der Kontraktionstheorie habe ich 1939 gegeben. Darnach erklärt sich die Störung des isostatischen Gleichgewichtes, welche kontinentale Hebungs- und ozeanische Senkbewegungen auslöst, durch Spannungsschwankungen in der Kruste. Bei einer Spannungsverminderung ist die elastische Dilatation im ozeanischen Gebiet zirka 50 Prozent geringer als in den kontinentalen Tafeln, wodurch sogenannte elastostatische Schwereanomalien mit nachfolgenden Ausgleichsbewegungen erzeugt werden (Überschwere auf den Ozeanen, Unterschwere auf den Kontinenten). Das Sinken der Spannung erhöht gleichzeitig die Kluftbeweglichkeit. Bei Spannungsanstieg liegen die Verhältnisse gerade umgekehrt. Gleichzeitig erhöht sich jedoch auch die Reibung auf den saigeren Kluftflächen, so daß die Verwerfungsbewegungen nicht reversibel sind und abgestoppt werden.

Island ein Beispiel für «atlantotype» Tektonik und Gebirgsbildung.

Die vorstehenden Betrachtungen zeigen, daß in bezug auf vertikale Verwerfungen die ozeanischen Verhältnisse anders liegen als die kontinentalen Verhältnisse. Auch für den Vulkanismus ergeben sich prinzipielle Verschiedenheiten. Dies hat mich veranlaßt, von afrikotyper und atlantotyper Tektonik zu sprechen. Die Insel Island wäre demnach ein Beispiel atlantotyper Tektonik, da sie dem System der atlantischen Langhorste und Schwellen angehört. An dieser Feststellung würde sich auch nicht viel ändern, wenn die isländische Zentralzone, entgegen meiner Vermutung, kein Horst wäre, da die absoluten Niveauunterschiede gegenüber dem umliegenden Ozeanboden nur eine Horststruktur als Ganzes denkbar erscheinen lassen. Der tektonische Typ des jungvulkanischen Zentralgürtels Islands hat einen Charakter, wie man ihn bei kontinentalen Vulkangebieten kaum kennt. Die zahlreichen Schildvulkane, die große Anzahl lakkolithischer Aufstülpungen, welche vermutlich auch die größeren Buckel der Insel geschaffen haben, zeugen für die allgemeine Aufsteigtendenz des Magmas im Bereiche der Insel. Viele der Lakkolithe mögen seichte Tuffabhebungen sein, andere Hebungen der Insel sind jedoch vielleicht auch Erhebungen von tiefer reichenden Blöcken.

Wenn man die vorstehenden theoretischen Überlegungen auf die jüngsten Ereignisse vulkanischer Natur in Island anwendet, so kommt man zu folgenden Schlüssen: Die magmatische Hochflut, die Island zu Ausgang der Glazialzeit bis in die Gegenwart mit Lavafeldern überdeckte, muß von einer regionalen Spannungsherabsetzung und dementsprechender Dilatationsbewegung ausgelöst worden sein. Gemäß den vorgängigen Angaben erzeugte diese Dilatation ein relatives Absinken der umgebenden ozeanischen Rinde, d. h. des Skandikbodens, und einen gleichzeitigen relativen Aufstieg von Skandinavien und Grönland. Über das Absinken des Skandik und die dabei eintretenden rupturellen Lösungen längs der kontinentalen Randflexur habe ich mich bereits geäußert. Der junge glazial- bis postglaziale epirogene Aufstieg Skandinaviens ist eine längst bekannte Tatsache. Er fällt zeitlich genau zusammen mit den magmatischen Überflutungserscheinungen auf Island. Als drittes theoretisches Element figuriert noch die elastische Dilatation, welche zu einer Abstandsvergrößerung zwischen Skandinavien und Grönland führen mußte. Da die magmatische Hochflut in Island offensichtlich im Abklingen ist, kann man natürlich nicht mit Sicherheit voraussagen, ob sich gegenwärtig diese Dilatationen noch geltend machen. Wir kommen hier auf das viel diskutierte Problem der Abstandsänderungen zwischen Norwegen und Grönland, dessen Abklärung auch diese Frage lösen helfen wird. Eine solche

Abstandsvergrößerung wäre jedenfalls im Rahmen obiger Zusammenhänge vollauf verständlich.

Im übrigen ist nach *Nörlund* (1937) zwischen 1927 und 1936 keine derartige Abstandsvergrößerung mehr zu konstatieren gewesen, so daß es überhaupt unsicher wird, ob wirkliche Abstandsvergrößerungen früher erfolgt sind. Es bleibt dann immer noch die Möglichkeit, daß früher, als die Schildvulkane noch tätig waren, doch solche Vorgänge wie die oben skizzierten erfolgten. Schließlich kann man sich auch fragen, ob ein Aufstieg Skandinaviens infolge Eisentlastung, entsprechend den viel vertretenen Ansichten, Massen aus dem Untergrund der Skandik aspiriert haben könnte, wodurch im Prinzip ähnliche Effekte in bezug auf Lavaeffusion erzeugt werden müßten, wie ich sie oben in anderem Zusammenhang skizziert habe.

Horizontalwirkende Spannungsdifferenzen.

a) Ursachen.

Damit im Schollenmosaik der Kruste horizontal wirkende tektonische Aktivierungen eintreten können, muß in der Rinde eine anisotrope Verteilung der Tangentialspannung vorhanden sein. Theoretische Überlegungen zeigen, daß hauptsächlich zwei derartige Störungsquellen existieren.

1. Faltungsvorgänge.

Lokale Faltungen müssen disharmonische Spannungsstörungen in das extraorogene Schollenmosaik der Kruste ausstrahlen. Das Studium der Großfaltungen zeigt, daß der Faltungsprozeß anscheinend nicht gleichzeitig und gleichmäßig an allen Stellen des orogenen Gürtels fortschreitet. Daraus resultieren regional verschieden starke Entspannungen, welche Anomalien der Horizontalstresse vor allem torsionelle Effekte erzeugen. Gleiche Effekte müssen an den Orten auftreten, wo die Faltungsfront abrupt die Richtung wechselt; ferner mögen verschieden gerichtete Überschiebungstendenzen zu Spannunganomalien führen, die starke Scherungstendenzen und, bei mangelnden Ausgleichsmöglichkeiten, torsionelle Effekte in der extraorogenen Kruste erzielen.

2. Spannungsanomalien infolge elastischer Anisotropie der Erdkruste.

Der *Young*sche Modul der ozeanischen Tafeln verhält sich zum *Young*schen Modul der kontinentalen Tafeln wie 3 : 2. Es bestehen also zwischen ozeanischen und kontinentalen Bauelementen der Kruste ganz bedeutende

Unterschiede der elastischen Kompressibilität, welche zu entsprechenden Störungen des homogenen Spannungsfeldes führen müssen, auch dann, wenn eine einfache allgemeine Änderung des Spannungszustandes eintritt. Elastische Anisotropien erzeugen nach den mechanischen Gesetzen bei Spannungsänderungen Spannungsstörungen im horizontalen Druckfelde der Kruste. Deshalb entstehen entsprechend der Form und Verteilung der Kontinente torsionelle Effekte, welche sich in Scherbewegungen umzusetzen suchen. Im Falle der Erdkruste sind diese Störungen sehr groß, weil sehr große Kompressibilitätsunterschiede auftreten und gleichzeitig die elastischen Anisotropien zu großen Einheiten zusammengeschlossen sind. Spannungsschwankungen gehen in der Kruste beständig vor sich und erreichen im Laufe der Zeiten vermutlich sehr große Ausschläge zwischen Maxima und Minima (im Minimum verschiedene tausend kg/cm^2).

b) T e k t o n i s c h e   F o l g e e r s c h e i n u n g e n.

Die tektonischen Effekte, welche durch diese Störungen der homogenen Spannungsverteilung in der Kruste erzeugt werden, lassen sich in drei Gruppen einteilen:

1. Allgemeines Kluftspiel.

Die verschiedenartigen horizontalen Beanspruchungen werden bestrebt sein, sich längs günstig gelegener Klüftungssysteme in der Erdkruste auszugleichen, wodurch diese Klüftungssysteme in beständiger Unruhe gehalten werden. Die Klüftungssysteme, die diesen Zwecken dienen, sind die gleichen, denen ich den Namen lineamenttektonische Klüftung beigelegt habe. Vor allem werden die elastischen Anisotropien disharmonische Spannungsverteilungen im einen Sinne erzeugen, wenn die Spannung steigt, in einem andern, wenn die Spannung sinkt. Vermutlich finden die Ausgleiche in kleinen, ruckweisen Verschiebungen statt, welche Erdbeben erzeugen und welche, entsprechend obigem, bei Umschlag des Spannungsanstieges in Spannungsverminderung rückläufig werden. Im Rahmen der tektonischen Entwicklung der Erdkruste ist deshalb das lineamenttektonische Kluftspiel ein Dauerzustand. Wie schon seismologische Häufigkeitskarten zeigen, werden gewisse Gebiete mehr, andere weniger von lineamenttektonischen Beben heimgesucht. Die heutige Bebentätigkeit dürfte zum größern Teil auf lineamenttektonisches Kluftspiel zurückgehen. Die heutigen Bebenkarten *(Tams)* zeigen, daß die mittelatlantische Schwelle gegenwärtig ein besonderes Unruhezentrum ist. Dies läßt die Vermutung aufkommen, daß die jungen tektonischen Vorgänge in Island hauptsächlich mit tektonischen Störungen längs dieser Schwellenzone zusammenhängen.

2. Konkordante Ausgleichszonalen.

Wie vorstehend betont, erfaßt das Kluftspiel nicht gleichmäßig das ganze Schollenmosaik. Es gibt Klüfte resp. Kluftzonen, auf die sich das Ausgleichsspiel der Blattverschiebungen konzentriert. Dies führt, tektonisch gesehen, zur Bildung konkordanter Ausgleichszonalen. Häufig sind solche Zonalen geologisch schwer nachweisbar und topographisch kaum sichtbar, da keine Reliefierung damit verbunden zu sein braucht. Die dabei auftretenden horizontalen Blattverschiebungen müssen nicht unbedingt ein großes Ausmaß annehmen. Dies führt dazu, daß konkordante Ausgleichszonalen auf größere Distanzen unsichtbar sein können, um dann plötzlich wieder durch besondere Einflüsse sichtbar zu werden (unterbrochene Aufreihung von Grabenbrüchen, Schwellenbildungen, vulkanische Zentren usw.).

3. Diskordante Torsionszonalen.

Wenn disharmonische Spannungsverteilungen nicht durch Blattverschiebungen ausgeglichen werden können, entstehen im Schollenmosaik Torsionseffekte. Diese haben meist auch zonale Erstreckung, sind aber dadurch gekennzeichnet, daß längs der zonalen Achse schief zu dieser streichende Klüfte aktiviert werden (verwerfungstektonische, vor allem aber auch vulkanische Fiederspalten). Diskordante Zonalen sind häufig Rückwirkungen von orogenen Prozessen auf das umgebende Schollenland.

4. Interferenzen von konkordanten Ausgleichszonalen und Zonalen im allgemeinen.

Die mechanische Funktion konkordanter Ausgleichszonalen ist der Spannungsausgleich für kleinere oder größere Blattverschiebungen. Sobald solche Zonalen sich kreuzen, wird das gegenseitige Ausgleichsspiel gestört. Dies führt zu lokalen tektonischen Zertrümmerungen, Torsionen, verbunden mit eventuellen Kluftklaffungen. Solche Interferenzpunkte sind deshalb immer von besonderer Bedeutung und durch auffälligere tektonische Störungen ausgezeichnet. Vor allem werden sie wichtig, weil an diesen Stellen besonders günstige Voraussetzungen für die magmatische Tiefenintrusion in die Kruste geschaffen werden, wobei es zu Durchbrüchen von heißen Quellen oder gar magmatischen Produkten kommt. Ich habe bereits in frühern Arbeiten (1936, 1938 b) gezeigt, daß vulkanische Zentren mit Vorliebe an solche lineamenttektonische Interferenzen von Zonalen gebunden sind.

Die isländischen Hauptkluftsysteme und der universelle lineamenttektonische Kluftplan.

Die Ozeane und Kontinente, welche die elastischen Hauptanisotropien der Erdkruste darstellen, und welche infolgedessen in erster Linie das extraorogene Kluftspiel anregen, sind sicher Formen, die auf eine uralte Tradition zurückblicken. Das gleiche gilt von der lineamenttektonischen Klüftungsstruktur, so daß man folgern muß, daß die lineamenttektonisch maßgebende Klüftung in ihrer Orientierung auf die kontinentalen Großformen eingespielt sein wird. Wie ich in den Arbeiten 1936 und 1938 b ausführlicher darlegte, können in der Tat den verschiedenen Kontinenten großräumige lineamenttektonische Baupläne zugeschrieben werden, welche ihren Einfluß auch noch in die weitere Umgebung der betreffenden Kontinente ausstrahlen. Es wurde dort gezeigt, und dies ist auch in Fig. 3 veranschaulicht, daß sich in Europa, dem Nordatlantik und Grönland hauptsächlich drei lineamenttektonische Klüftungsordnungen durchdringen, welche ich als das afrikanische (I), das amerikanisch-asiatische (II) und das atlantische (III) Lineament bezeichnet habe. Die Vermutung, daß die drei Hauptsysteme Islands, welche sich aus der lineamenttektonischen Analyse ergeben, mit diesen großkontinentalen Hauptlineamenten identisch sind, läßt sich an Hand eines Globus leicht bestätigen. Die NW-SE-Orientierung des Systems A folgt der nordatlantischen Schwelle nach Schottland, wo konkordante Basaltgänge diese Richtung aufnehmen. Immer in gerader Richtung weiterschreitend, kommt man schließlich auf den Graben des Roten Meeres, der nach dem afrikanischen System orientiert ist. Die Küstenlineamente der amerikanischen Ostküste müssen in Island in ihrer Fortsetzung EW-Verlauf haben, die Gegenkomponente NS-Verlauf. Damit ist das System B mit dem amerikanisch-asiatischen Kontinentallineament identifiziert. Das System C endlich ist mit seiner NE streichenden Komponente auf den atlantischen Rücken einorientiert, welcher dem atlantischen Lineamentierungssystem angehört.

Wir kommen zum Schluß, daß die Hauptklüftungssysteme der Insel Island keine lokalen Klüftungssysteme sind. Alle Hauptkluftorientierungen und damit auch die tektonischen Hauptorientierungen Islands gehören vielmehr dem universellen lineamenttektonischen Bauplan der Erdkruste an.

Die für Island wichtigen geotektonischen Großzonalen.

Unterwirft man die extraorogene Schollenunruhe der jüngsten Erdzeiten einer großräumigen Untersuchung, so erkennt man, daß sich dabei tektonische Großzonalen abzeichnen, welche Hunderte von Kilometern breit und Tausende von Kilometern lang sein können. Eine diskordante Großzonale bildet das ostafrikanische Grabenbruchsystem, das vermutlich auf Torsionseffekte zurückgeht, welche vom alpinen Orogen ausgestrahlt sind. Im Bereiche von Island erkennt man jedoch vor allem konkordante Zonalen, was darauf schließen läßt, daß die Insel Island mehr auf eine lineamenttektonische Ausgleichsunruhe zurückgeht, die mit der krustalen Anisotropie zusammenhängt. Es können nun unter den konkordanten Großzonalen zwei Haupttypen ausgeschieden werden, welche beide für die Beurteilung des Problems Island Bedeutung haben.

1. Großschollenränder.

Ebenso wie die Klüftung beim Laboratoriums-Kleinexperiment ein beanspruchtes Material in so kleine Parallelepipede aufteilt, daß die neuentstandenen mechanischen Einheiten den auftretenden torsionellen Beanspruchungen gerade noch widerstehen, löst sich das Schollenmosaik der Erdkruste in großräumige Scholleneinheiten auf, welche gegenüber den wechselnden mechanischen Beanspruchungen infolge horizontaler Spannungsschwankungen gerade noch als Einheiten reagieren können. Die Ränder dieser Großschollen, welche natürlich auf die maßgebenden lineamenttektonischen Richtungen eingestellt sind, bilden den Schauplatz ausgleichender Blattverschiebungen und damit tektonischer Störungen (Einbrüche, Aufstülpungen, Vulkanismus, Aufschiebungen, Faltungen). Sie haben den Charakter von konkordanten Zonalen. In den Kontinenten ist diese Schollenstruktur bis zu einem gewissen Grade verwischt infolge der dort vorhandenen reichlichen orogenen Tradition. In dem alten Kontinentalrumpf Afrikas kommt eine solche Schollengliederung jedoch mehr oder weniger deutlich zum Durchbruch (*Krenkel* 1925, *Cloos* 1937, *Sonder* 1939). Das schönste Beispiel einer derartigen mechanischen Auflösung in Scholleneinheiten bietet jedoch der Atlantische Ozean, welcher nur zirka 2000 km breit und beidseitig von kontinentalen Krustenteilen begleitet ist, die sich elastisch ganz anders verhalten müssen als der Atlantikboden. Dies hat zu einem intensiveren disharmonischen Spiel geführt und damit zu einer viel stärkeren Schollenaufgliederung der atlantischen Kruste (Tafel XIII), als dies bei größeren ozeanischen Räumen der Fall gewesen ist (zum Beispiel Pazifik).

Die atlantischen Schwellen und der mittelatlantische Rücken stellen, wie schon aus ihrer Orientierung hervorgeht, konkordante Zonalen dar. Sie dürften vermutlich auf uralte Tradition zurückblicken. Die relative Lockerung der Klüfte während kritischer Faltungsphasen, zusammen mit der früher geschilderten Aufstiegstendenz des subozeanischen Magmas, haben mit der Zeit dieses submarine Gebirgssystem von Grathorsten entwickelt. Die tektonische Skizze des Atlantischen Ozeans zeigt klar, daß die Umgebung von Island alle Anzeichen dafür trägt, daß die Insel diesem submarinen Gebirgssystem von Großschollenrändern angehört.

2. Zwischenkontinentale Ausgleichszonalen.

Nach der geomechanischen Theorie müssen die kontinentalen Schollen ferner wegen ihrer größeren Kompressibilität gegenüber der ozeanischen Kruste zwischenkontinentale Ausgleichsreaktionen anstreben, welche zur Ausbildung von zwischenkontinentalen Ausgleichszonalen führen werden, sobald zwei kontinentale Massen relativ nahe aneinander rücken. Als eine solche zwischenkontinentale Ausgleichszonale muß der mittelatlantische Rücken aufgefaßt werden, dem auch Island angehört. Ferner ist für Island die afrikanisch-asiatische Zwischenzonale (*Sonder* 1938 b) von besonderer Bedeutung. Man kann diese Zonale in gerader Erstreckung vom Indischen Ozean durch das Rote Meer, Ägäis, Böhmische Masse, Nordseesenke in das schottisch-isländisch-grönländische Basalteffusionsareal verfolgen. Entsprechend dem Charakter solcher konkordanter Zonalen ist diese Großzonale stellenweise nur seismologisch im Boden festlegbar (Balkan); dann wieder spielt sie die Rolle einer tektonischen Trennzone (Ostalpen/Karpathen) oder als Interferenzverjüngung des varistischen Gebirgsrumpfes (böhmischer Block). Weitere sichtbare Spuren dieser Zonale sind das langgezogene Rote Meer, die Nordatlantische Schwelle usw.

Island als Interferenzzentrum zweier Großzonalen.

Betrachtet man die lineamenttektonische Karte des Atlantischen Ozeans (Fig. 2 und Tafel XIII), so erkennt man, daß dort, wo der mittelatlantische Rücken von Querelementen getroffen wird, Knotenpunkte entstehen, die eine Verbreiterung und eine Erhöhung des mittelatlantischen Rückens erzeugten. Besonders auffällig ist der Knotenpunkt, der zum Azorenplateau ausgewachsen ist. Ganz analog ist die Stellung des isländischen Basaltplateaus. Hier erreichen die magmatischen Ergüsse offensichtlich ein maximales Ausmaß, wobei der mittelatlantische Rücken, wie auch die nordatlantische Schwelle, in der Umgebung besonders akzentuiert sind. Es liegt ein zonaler Interferenzpunkt von besonderer Bedeutung vor. Nach den vorgängigen Ausführungen stellt die Insel Island in der Tat genau die Interferenzfläche zweier zwischenkontinentaler Großzonalen dar, nämlich der mittelatlantischen und der afrikanisch-asiatischen Ausgleichszonale. Die Größe

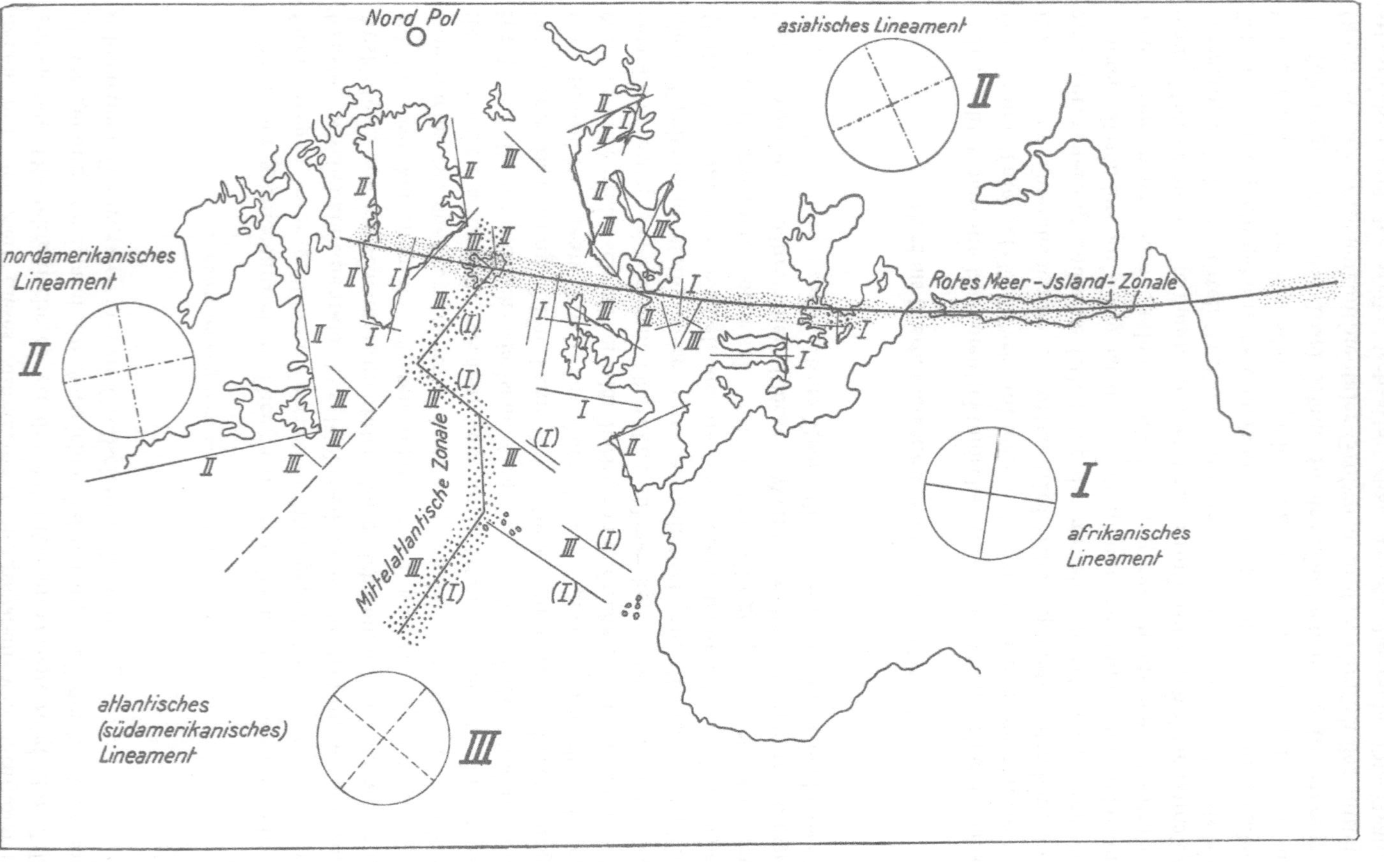

Fig. 2. Lineamenttektonische Hauptrichtungen im nordatlantischen Raume (aus R. A. Sonder, Ecl. geol. helv. 31 [1938], 213).

der Insel scheint dabei durch die Breite der in Frage kommenden Zonalen gegeben. Diese Durchdringung zweier Großzonalen scheint ein in den Fugen stark gelockertes krustales Schollenmosaik geschaffen zu haben, so daß die Lava längs zahlreicher Spalten die Erdoberfläche erreichen konnte. Der reiche magmatische Aufstieg schuf in Island ein Basaltplateau von einer Größe, wie man sie nur noch von wenigen andern Beispielen her kennt (100,000 km²).

Zeitlich muß die Unruhe längs zwischenkontinentalen Ausgleichszonalen mit dem Einsetzen größerer Faltungsbewegungen beginnen. Nach *Hawkes* (1938) sollen die ersten Basaltdecken Islands, die wir heute kennen, vielleicht schon dem Eozän angehören, in Grönland sind sie oberes Mesozoikum. Damals setzten die großen alpinen Störungen bekanntlich in verstärktem Maße ein. Die Tatsache, daß die tektonischen Störungen in Island bis in die Jetztzeit andauern, läßt sich ohne weiteres daraus erklären, daß heute eine Phase geringer tangentialer Krustenspannung vorliegt, so daß auch leichtere Ausgleichsbewegungen an einer besonders empfindlichen tektonischen Stelle des Krustenfeldes, wie Island sie offensichtlich darstellt, leicht eine größere magmatische Tätigkeit nach sich ziehen können. Das lineamenttektonische Bild Islands zeigt in ausgeprägtem Maße Anzeichen einer zonalen Interferenz. Die Hauptzüge dieses Bildes werde ich nun noch abschließend einer kurzen Analyse unterziehen.

G. Die regionale Tektonik der Insel.

Die lineamenttektonischen Provinzen.

Die Aufgliederung Islands in sechs lineamenttektonische Provinzen von verschiedenen Reliefierungstendenzen geht darauf zurück, daß, je nach der Lage im Interferenzfeld, die Einflüsse der einen oder andern Zonale stärker zur Geltung kommen. Man erkennt zum Beispiel, daß die etwas außerhalb der mittelatlantischen Zonale gelegene Nordwesthalbinsel nach dem afrikanischen Lineament orientiert ist, unter dessen Einfluß sie gemäß ihrer Position vor allem stehen muß. Im Hauptrumpf der Insel zeigen sich verschiedene Orientierungen, wobei vor allem erkennbar ist, daß ein älterer Bauplan von einem jüngeren überlagert ist. Die maßgebende Orientierung und Modellierung der älteren Basaltplateaus (Provinzen IV, V und VI) geht vermutlich auf ältere Ereignisse zurück. Die junge Aktivierung konzentriert sich auf die Provinzen I, II und III. Man erkennt, daß das Maximum der jungen Hauptaktivität sich ungefähr auf einen Streifen beschränkt, der dem Verlauf der mittelatlantischen Gratzone durch Island entspricht (Provinzen I und II). Die jungen Bewegungen müssen deshalb hauptsächlich von der mittelatlantischen Zonale angeregt worden sein, ein Schluß, der sich auch mit den seismischen Erfahrungen deckt.

Da außerdem im Bereiche Islands die mittelatlantische Schwelle, entsprechend dem Verlauf der beidseitigen Kontinentalränder, eine Knickung nach N durchmacht, ergibt diese Gesamtkonstellation eine Unterteilung der jungaktivierten Zone in drei lineamenttektonische Unterprovinzen:

I. Südisland,

soweit es im Bereiche der mittelatlantischen Zonale liegt. Die vulkanogene Aktivierung ist insofern diskordant, als die mittelatlantische Schwelle atlantische Orientierung hat, während die Spaltenausbrüche, Tuffgrate usw. vorwiegend der afrikanischen NE-Orientierung folgen.

II. Nordostisland.

Hier befindet man sich im Wirkungsbereich der Nordsüdkomponente der mittelatlantischen Schwelle. Dies hat zur Folge, daß die hauptsächlichsten Aktivierungen diese Richtung aufnehmen.

III. Die Snaefellsneshalbinsel

befindet sich außerhalb des Hauptbereiches der mittelatlantischen Zonalen. Dies hat bewirkt, daß die junge Aktivität andere Kluftrichtungen zum Spielen gebracht hat, und zwar vor allem afrikanische, ferner die EW-Komponente der amerikanischen Orientierungen.

Regionale NW-, NE- und NS-Zonalen.
(Siehe Tafel XII.)

Vom Südscheitel der Insel strahlen, nach den afrikanischen Kluftrichtungen orientiert, zwei vulkanische Aktivitätszonalen aus. Am stärksten ist die NE-Richtung akzentuiert. Sobald diese Zonale die nördliche Hälfte der Insel erreicht, knickt sie scharf nach N ab. Es handelt sich um eine Zone intensivster Spaltenergüsse und großer postglazialer Lavaebenen.

Die dazu symmetrische NW-Zonale zeichnet sich durch eine ganz auffällige Häufung solfathermaler Quellen aus. Obwohl das durch sie bedeckte Band nur zirka 15 Prozent der Inseloberfläche einschließt, finden sich hier zirka 170 oder fast 60 Prozent aller solfathermalen Quellstellen Islands. Die Einzelquellen mögen vielfach auf diskordanten Klüften sitzen (Hveragerdi zeigt zum Beispiel NNE-Aufreihung), immerhin kann man im Hengillgebirge erkennen, daß die Quellenzone als solche markant nach NW streicht. Die Detailkarte von SW-Island zeigt, daß topographische Verhältnisse und Quellenverteilung die Ausscheidung einer Unterzonale zulassen, welche vom Torfajökullgebiet nach dem Quellgebiete des Borgarfjords hinzieht. Die magmatische Aktivierung dieser NW-Zonale macht sich hauptsächlich außerhalb des engeren Bereiches der mittelatlantischen Zonale geltend, d. h. auf der Halbinsel Snaefellsnes, wo die Eruptionspunkte zum Teil NW-Aufreihung zeigen. Im Torfajökullgebiet streichen einige Berge nach NW, wodurch möglicherweise so orientierte Tiefenintrusionen angezeigt sind. Die Übersichtskarte der Insel zeigt, daß nördlich der Snaefellsneshalbinsel auf den dortigen Inseln und der NW-Halbinsel solfathermale Aktivierungen sich häufen. Mit 34 Quellstellen hat NW-Island eine noch recht auffällige Quelldichtigkeit. Man ist deshalb versucht, auch längs dieser Quellen eine solfathermale Aktivierungsachse anzunehmen, wodurch ein ganz analoges symmetrisches Abknicken der solfathermalen NW-Zonale nach N sich ergibt, wie es für die magmatisch aktivierte NE-Zonale feststeht.

Diese symmetrische Anlage der vulkanischen Aktivierungen scheint eine Interferenz von sich kreuzenden Kräften im Schollenfelde anzudeuten,

124

welche nach NE und nach NW orientiert waren, d. h. den Richtungen, die den interferierenden Hauptzonalen zukommen. Dabei waren offenbar die tektonischen Störungen längs den atlantischen Ausgleichsrichtungen stärker, so daß ein magmatisch effusiver Durchbruch zustande kam. Der wichtigere Einfluß der atlantischen Richtung wird auch dadurch dokumentiert, daß eine zweite Staffel magmatischer Aktivierung sich von der Reykjaneshalbinsel nach dem Langjökull erstreckt. Auch dieser Zonale kann man, sobald sie in die nördliche Hälfte der Insel eintritt, in Form solfathermaler Austritte, eine abgeschwächte NS-Richtung zuschreiben. Eine weitere Akzentuierung der NE-Komponente geben nach NE aufgereihte magmatische Durchbrüche in der Provinz II. (Das Myvatngebiet zeigt nach *Rittmann* NNE-Aufreihung.) Vielleicht hat auch der Knickpunkt der atlantischen Zonale im Bereiche von Island diese magmatischen Effusionen der jungvulkanischen Zentralzone begünstigt, wodurch in der Zonale selbst gegenseitige Interferenzstörungen erzeugt wurden, wovon nachfolgend weiter die Rede ist.

Regionale Ost-West-Zonalen.

Die vorstehend aufgezählten regionalen Zonalen folgen mehr oder weniger den Orientierungen der Hauptzonalen, welche sich in Island kreuzen, d. h. der NW- und NE-Richtung. In der Südhälfte der Insel existieren jedoch deutliche EW-Zonalen, welche offensichtlich mit den gegebenen Hauptzonalenrichtungen nicht in Verbindung stehen. Diese Zonalen präsentieren sich im allgemeinen als breitere EW streichende Hebungen, welche, soweit sie nicht durch Eisbedeckung einer Analyse entzogen sind, von zu ihnen diskordant streichenden Spalteneruptionen überdeckt sind. Man kann dies an der Snaefellsneshalbinsel erkennen, welche nach meinen Beobachtungen im ganzen wahrscheinlich eine EW streichende Horststruktur darstellt. Besonders intensiv ist die EW-Zonale der Reykjaneshalbinsel von diskordanten Spaltenausbrüchen übersät. Diese Zone hat, vielleicht nach einem Unterbruch, ihre Fortsetzung im Torfajökullgebiet. Topographisch präsentieren sich die Eisbuckel des Myrdalsjökull im S und des Vatnajökull im SE als EW streichende Hebungszentren. Wie erklären sich diese EW streichenden tektonischen Aktivierungstendenzen? Schon *Hobbs* hat seinerzeit betont (1911), daß bei der Interferenz von verschieden orientierten lineamentierten Landschaftsbildern häufig um zirka 45° gedrehte komplementäre Richtungen auftreten. Ich glaube, auch in Island muß man annehmen, daß die regionalen EW-Zonalen als solche Interferenzeffekte zu deuten sind und daß durch die dadurch ausgelösten ost-westlichen Hebungen die wichtigsten Vergletscherungszentren der Insel geschaffen wurden. Die lineamenttektonische Karte zeigt deutlich, daß der südlichste Gletscher Islands, der Myrdalsjökull, in einer ausgesprochenen lineamenttektonischen Interferenz liegt. Ähnliches gilt für den heute allerdings auf ein Minimum zusammengeschrumpften Torfajökull, der ein großes liparitisches Eruptionszentrum darstellt. Was den großen Vatnajökull anbelangt, so entspricht seine EW-Ausdehnung ziemlich genau der Breite derjenigen Region N-Islands, welche eine NS-Lineamentierung im Relief enthält. Ich habe durch punktierte Linien diese Verhältnisse verdeutlicht. Sie sprechen für eine Interferenzwirkung der NS-Orientierung mit der NE-Orientierung im Knickpunkt der mittelatlantischen Schwelle.

Besondere Erwähnung verdient in diesem Zusammenhang die Askjá (Kiste) in Mittelisland. Dieses gewaltige Tuffgratrechteck mit Kanten von zirka 10 km Länge liegt genau an der Stelle, wo die NE-Orientierungen in die NS-Orientierungen umknicken. Daraus erklärt sich wohl die auffällige Rechteckkombination dieser lakkolithischen Grate.

Geometrische Regelhaftigkeit im Inselbau.

Die vorstehenden Betrachtungen zeigen, daß die vulkantektonischen Erscheinungen Islands in ihren statistischen Hauptzügen auf relativ einfache (durch Linien oder Streifen wiedergebbare) geometrische Anlagen zurückgehen. Die dabei festgelegten Richtungen sind gegeben durch die Hauptorientierungen, die in der lineamenttektonischen Struktur des isländischen Bodens enthalten sind. Man könnte natürlich versuchen, diese Haupterscheinungen in bestimmte mechanische Reaktionen umzudeuten, doch sind die heute bekannten Tatsachen wohl noch nicht genügend ausgereift, um einen solchen Versuch zu wagen. Die strukturelle Gesamtanlage der Insel läßt jedoch meines Erachtens keine Zweifel, daß eine annähernd rechtwinklige Durchkreuzung zweier großer Ausgleichszonalen die Grundzüge des tektonischen Bauplanes Islands geschaffen hat.

Vergleicht man die Tektonik und Topographie Islands mit derjenigen anderer Gebiete, wo sich eine starke Schollentektonik geltend macht, so ist es sicher auffallend, daß die geometrischen Orientierungen in Island sehr viel schärfer zum Ausdruck gelangen, als man es in andern Gebieten gewohnt ist. Zum Teil hängt dies sicher ebenfalls damit zusammen, daß in Island zwei wichtige Ausgleichszonalen der Erdkruste zur Interferenz gelangen. Dies muß eine ausgeprägte Richtungsdetermination der maßgebenden Störungen bewirken.

Noch ein anderer Faktor dürfte dabei mitspielen. Wie ich 1939 ausführlicher zu belegen versuchte, stellen die kontinentalen Kerne Krustenteile dar, welche sich durch sukzessive orogene Prozesse salifizierten und einen dem Granite nahestehenden Chemismus annahmen. Infolgedessen blicken die Kontinente auf eine reiche tektonische Tradition zurück und besitzen ein hochkompliziertes Klüftungsnetz, welches neben den großen lineamenttektonischen Orientierungen noch viele Unregelmäßigkeiten mit einschließt. Die ozeanischen Tafeln haben dagegen vermutlich keine oder nur eine sehr beschränkte orogene Tradition. Es handelt sich hier um die relativ basische Urrinde, welche entsprechend der Ozeangröße eine wechselnd starke säkulare Sedimentaufschüttung erhalten hat. Die Splitterungs- und Klüftungssysteme ozeanischer Krustenteile dürften deshalb reiner auf die generellen Klüftungstendenzen der Erdkruste eingestellt sein, als dies im kontinentalen Bereiche der Fall ist. Eine Bestätigung dieser Ansicht bietet der tektonische Bauplan des Atlantischen Ozeans (Tafel XIII).

Die Insel Island liegt zwar bereits im Bereich der semikontinentalen Brücke, welche Nordamerika mit Eurasien verbindet. Trotzdem scheint die nähere Umgebung der Insel noch weitgehend den ozeanischen Charakter bewahrt zu haben. Die Prinzipien der ozeanischen Schollentektonik kommen deshalb mit ihrer Richtungsgebundenheit auf Island deutlicher zum Durchbruch als meist sonst in der uns oberflächlich zugänglichen Erdkruste.

Beziehungen zwischen solfathermaler und magmatischer Aktivierung.

Zum Abschluß möchte ich nochmals auf die solfathermalen Erscheinungen zurückkommen, welche das Hauptstudienobjekt meiner Islandreisen bildeten. In den Lehrbüchern werden die solfathermalen Erscheinungen immer noch ziemlich allgemein als postvulkanische Nachwirkungen angesprochen. Diese Ansicht stützt sich zum Teil auf die Vorstellung, daß die chemischen Änderungen der solfathermalen Gase infolge fraktionierter Destillation zustandekommen. Ich habe diese Ansicht bereits im ersten Teil dieser Arbeit zu widerlegen versucht. Die geologisch-tektonischen Verhältnisse Islands zeigen nun ebenfalls ganz eindeutig, daß man die Solfathermen nicht als postvulkanische Erscheinungen ansehen darf, sondern vielmehr als eine besondere Art der magmatischen Aktivierung. Im Falle der magmatischen Effusionen werden gewisse Klüftungssysteme so stark beeinflußt, daß das Magma bis an die Oberfläche durchbrechen kann. Im Falle von solfathermalen Durchbrüchen ist die tektonische Beeinflussung der Klüfte vermutlich eine ähnliche, aber in abgeschwächter Form, so daß die Kruste gerade noch die Abzugsdämpfe des Magmas durchläßt, während die Lava selbst in größeren Tiefen steckenbleibt. Im übrigen sprechen auch die lokalen Beobachtungen gegen die postvulkanische Theorie. Gerade in Island wird einem bei Begehungen klar, daß überall dort, wo Solfathermen in größerer Zahl auftreten, keine ausgeprägteren Lavadurchbrüche vorhanden sind. An den Stellen, wo man jedoch große Lavadurchbrüche beobachtet, findet man im allgemeinen keine oder wenige Solfathermen. Nur in Ausnahmefällen sind Solfathermen und junge Lavadurchbrüche vergesellschaftet. *Einarsson* (1937) glaubt, daß in den von ihm untersuchten Stellen eine Beziehung bestehe, dergestalt, daß die heißen Quellen häufig längs alten Basaltgängen auftreten. Meine Beobachtungen haben kaum Anhaltspunkte ergeben, welche diese Auffassung als allgemein richtig erscheinen ließen. Es ist wohl möglich, daß Unstetigkeitsflächen längs alter Basaltgänge vielleicht regional besonders günstig waren für den Aufstieg der magmatischen Abzugsgase. Es gibt jedoch sicher viele Fälle, wo diese Beziehung nicht zutrifft und irgendwelche Klüfte den Aufstiegweg bestimmten.

Die solfathermalen Erscheinungen sind also nach den Verhältnissen in Island nicht postvulkanisch im strikten Sinne des Wortes, sondern tiefenvulkanisch. Es handelt sich um Magmakörper, welche ohne Ausgangsweg zur Oberfläche in verschiedenen vermutlich nicht sehr großen Tiefen langsam erstarren und dabei den Gasgehalt abgeben. Ähnliches gilt übrigens auch für andere Solfathermalgebiete. Im Yellowstonepark sind zwar auch jüngere Laven vorhanden, doch scheinen die Beziehungen zu den heißen Quellen nicht sehr eng zu sein. Bei vielen Solfathermen, die noch eine starke thermische Aktivität zeigen, besteht ein solcher direkter Zusammenhang überhaupt nicht mehr, so zum Beispiel in Lardarello oder bei den sog. Geysers in Kalifornien. Viele Thermalquellen Mitteleuropas sind von oberflächlichen Extrusionen unabhängig. Sie sind im wahrsten Sinne des Wortes tiefenvulkanisch, und der Begriff postvulkanisch ist eher irreführend und sollte vermieden werden.

* * *

Die Verteilung der vulkanischen Manifestationen wird in Island, wie die vorstehenden Ausführungen zeigen, weitgehend von den generellen Klüftungsverhältnissen des Untergrundes bestimmt. Es zeigt sich auch hier, daß das Magma im tektonischen Großgeschehen ein absolut passives Element ist, das nicht selbst Großtektonik macht, wohl aber die tektonische Bodenunruhe benützt, um als hochmobiler Stoff in alle sich bietenden Kluftfugen einzudringen, wobei kleintektonische Wirkungen eintreten können. Das Magma ist ein tektonischer Wanderstoff, welcher jeder Druckentlastung, wo sie sich immer zeigt, zu folgen vermag. Deshalb zieht eine tektonische Unruhe im Krustenmosaik auch sehr leicht vulkanogene Aktivierungen nach sich, indem überall dort das Magma, durch seinen eigenen hydrostatischen Druck getrieben, sich einschiebt, wo unternormale Druckverhältnisse in der Kruste erzeugt werden. Nur in diesem Sinne kann von einer tektonisch aktiven Rolle des Magmas gesprochen werden. Für diese « hydrostatische Magmatektonik » liefert die Insel Island sehr viele instruktive Beispiele.

Literaturverzeichnis.

A l l e n , E. T. A., Chemical Aspects of Volcanism, Journ. Franklin Institute 193 (1922), 29—80.

B a r d a r s o n , siehe Iwan.

B a r t h , T. F. W., Vestige of a Pleistocene thermal activity in Iceland. Trans. Am. Geoph. Union (1935), 284—288.
— Thermal Activity in Iceland. Norsk Geologisk Tidsskrift, 16 (1936), 4 p.

B u c h e r , H. W., Cryptovolcanic Structures in the United States. C. R. XVI Int. Geol. Congress 1933. Vol. II. Washington (1936), 1055—1084.

B u n s e n , R. W., Recherches sur les rapports intrinsèques des phénomènes pseudo-volcaniques de l'Islande. Ann. Chim. Phys. 38 (1853), 385. Ibid. 215 ff.

C h r i s t e n s e n , O. T., Untersuchungen der infolge vulkanischer Nachwirkungen auf Island ausströmenden Gasarten. Biedermanns Centralbl. f. Agrikultur-chemie 19, 3, 149 ff. Ibid. T. f. Physik og Chemie II. Serie, 10.

C l o o s , H., Zur Großtektonik Hochafrikas und seiner Umgebung. Geol. Rdsch. 28 (1937), 333—348.

D a u b r é e , A., Synthetische Studien zur Experimentalgeologie. Braunschweig (1880).

D a y , A. L. and A l l e n , E. T. A., The Volcanic Activity and Hot Springs of Lassen Peak. Publ. Carnegie Inst. Washington, Publ. 360 (1925).
— Steam Wells in California. Ibid. Publ. 378 (1927).
— Hot Springs of the Yellowstone Park. Ibid. Publ. 466 (1935).

E i n a r s s o n , T., Über die Beziehungen zwischen heißen Quellen und Gängen usw. Visindafélag Islendinga Reykjavik (1937), 135.
— Über die neuen Eruptionen des Geysirs in Haukadalur. Ibid. 149.

E r k e s , siehe Keindl.

F e n n e r , C. N., Bore Hole Investigation in Yellowstone Park. Journ. of Geol. 44 (1936), 225—315.

G e e r , G. de, Kontinentale Niveauveränderungen im Norden Europas. C. R. XI. Int. Geol. Congr. Stockholm (1910), 849—860.

G r a n g e , L. T., The Geology of the Rotorua-Taupo Subdivision etc. Bull. Geol. Surv. N. Zealand 37 (1937).

G r e g o r y , J. W., The Nature and Origin of Fjords, London (1913).

H a n n e s s o n , P. und S i g u r d s s o n , S., Karte des Torfajökullgebietes im Ferdafélag Islands. Arbók 1933, Reykjavik.

H a w k e s , L. and others, The Major Intrusions of South-Eastern Iceland. Quart. Journ. Geol. Soc. London 84 (1928), 505—539.

H a w k e s , L., The Age of the Rocks and Topography of Middle Northern Iceland. Geol. Mag. 75 (1938), 289.
— and K a t h l e e n , H., The Sandfell Laccolith and "Dome of Elevation". Quart. Journ. Geol. Soc. London 89 (1933), 379—400.

H o b b s , H. W., Repeating Patterns in the Relief and Structure of the Land. Bull. Geol. Soc. Am. 22 (1911), 123—176.

I w a n , W., Island. Berliner geographische Arbeiten, Stuttgart (1935).

150

Keilhack, K., Beiträge zur Geologie der Insel Island. Zeitschr. d. deutsch. geol. Ges. 38 (1886), 376—449.

Keindl, J., Über einige Vulkane und Plateauberge in Innerisland. Mitt. d. geogr. Ges. Wien 75 (1932), 28—52.

Krenkel, E., Geologie Afrikas I. Berlin (1925).

Meinesz, Vening, Gravity expeditions at Sea 1923—32. 2. Publ. Netherlands geodetic Commission, Delft (1934).

Nielsen, N., Contributions to the Physiography of Iceland. D. konigl. danske Vidensk. Selsk. Skrift. Nat. og Math. Afd. 9, Raekke 4, 5, Kopenhagen (1933).

Niggli, P., Die leichtflüchtigen Bestandteile im Magma. Leipzig (1920).

Nörlund, N. E., Astronomical longitude and azimuth determinations. Monthly Notices Royal Astron. Soc. 97 (1937).

Olavius, O., Ökonomische Reise durch Island. Dresden und Leipzig (1787).

Otting, W., Inselberge und Plateaus auf den Hochflächen Innerislands. Mitt. d. geogr. Ges. München 23, 1 (1930).

Pjeturs, H., The glacial Palagonite Formation of Iceland. The Scottish Geogr. Magazine 16, Edinburgh (1900).
— Island. Handbuch der reg. Geologie 4, 2. Heidelberg (1910).

Reck, H., Isländische Masseneruptionen. Geol. und Pal. Abhandlg. N. F. 9, 2, Jena (1910).

Rittmann, A., Die Vulkane am Myvatn in Nordostisland. Bull. volcan. Série II, 7 (1938), 3—38.

Sigurdsson, S., Verwertung der Erdhitze in Island, unter besonderer Berücksichtigung des Gartenbaus. Die Ernährung der Pflanze 28 (1932), 1.

Sonder, R. A., Die erdgeschichtl. Diastrophismen im Lichte der Kontraktionslehre. Geol. Rdsch. 13 (1922), 217—272.
— Großtektonische Probleme des mittelamerik. Raumes. Ztschr. f. Vulkanologie 17 (1936), 1—33.
— Zur Theorie und Klassifikation der eruptiven vulkanischen Vorgänge. Geol. Rdsch. 28 (1937) a, 499—541.
— Zur Theorie und Klassifikation der solfathermalen Tätigkeit. 17. Int. Geol. Kongr. Moskau (1937) b (im Druck).
— Zur magmatischen und allgemeinen Tektonik Islands. Schweiz. min. petr. Mitt. 18 (1938) a, 429—436.
— Die Lineamenttektonik und ihre Probleme. Ecl. Geol. Helv. 31 (1938) b, 199 bis 238.
— Zur Tektonik des Atlantischen Ozeans. Geol. Rdsch. 30 (1939), 28—51.

Spethmann, H., Der Aufbau der Insel Island. Centralbl. f. Min. usw. Stuttgart (1909), 622—630 und 646—653.

Staub, R., Der Bewegungsmechanismus der Erde. Berlin (1928).

Thorkelsson, Th., The hot Springs of Iceland. Mém. Roy. Acad. Sciences et Lettres, Kopenhagen. VII. Ser. Sect. VIII, 4 (1910).
— On thermal Activity in Reykjanes, Iceland. Visindafélag Islendinga III (1928).
— Some additional Notes on thermal Activity in Iceland. Ibid. V (1930).

Thoroddsen, Th., Geologische Karte Islands. Carlsberg Fund, Kopenhagen (1901).
— Island. Grundriß der Geographie und Geologie. Petermanns Mitt. Ergänzungsheft 152/3, Gotha (1906).
— Die Geschichte der isländischen Vulkane. D. kon. Danske Vid. Selsk. Skrifter, Nat. math. Afd. 8 R IX. Kopenhagen (1925).

Verzeichnis der Textillustrationen und Tafeln.

a) Textillustrationen:

b) Tafeln:

132

Bild 2. Große Soffione im Hengillgebirge
(Instidalur) (Nr. I/4)

Bild 3. Heiße Quellen (Acihvere, Solfataren) im Hengillgebirge (Koldulaugargil
Nr. I/9, 10)

Photo Backlund

Bild 4. Alternierende Kochquelle (Basihver), genannt «Swadi», schwach tätig,
bei Hveragerdi (Nr. I/44)

Bild 5. Kalksinterkegel eines 64° warmen mofetoiden
Pseudohvers im Reykjadalur (Hengill) (Nr. I/29)

Bild 6. Kalksinterinkrustationen. Gleicher Pseudohver wie
Bild 5. Man beachte die Gasblasen im Wasser in der
Nähe des Hammers   Photo Sonder

Bild 7. Solfatara bei Seltun, Krisuvik, mit ihrem zersetzten Boden und kesselartiger Auskerbung der Bergflanke

Bild 8. Die ehemaligen alten Schwefelminen auf einem Bergsattel oberhalb Krisuvik, das ausgeprägteste Solfatarenfeld von SW-Island. Man beachte die trichterförmigen Aushöhlungen im Boden, welche Soffionen, Schlammtöpfe usw. enthalten

Photos Sonder

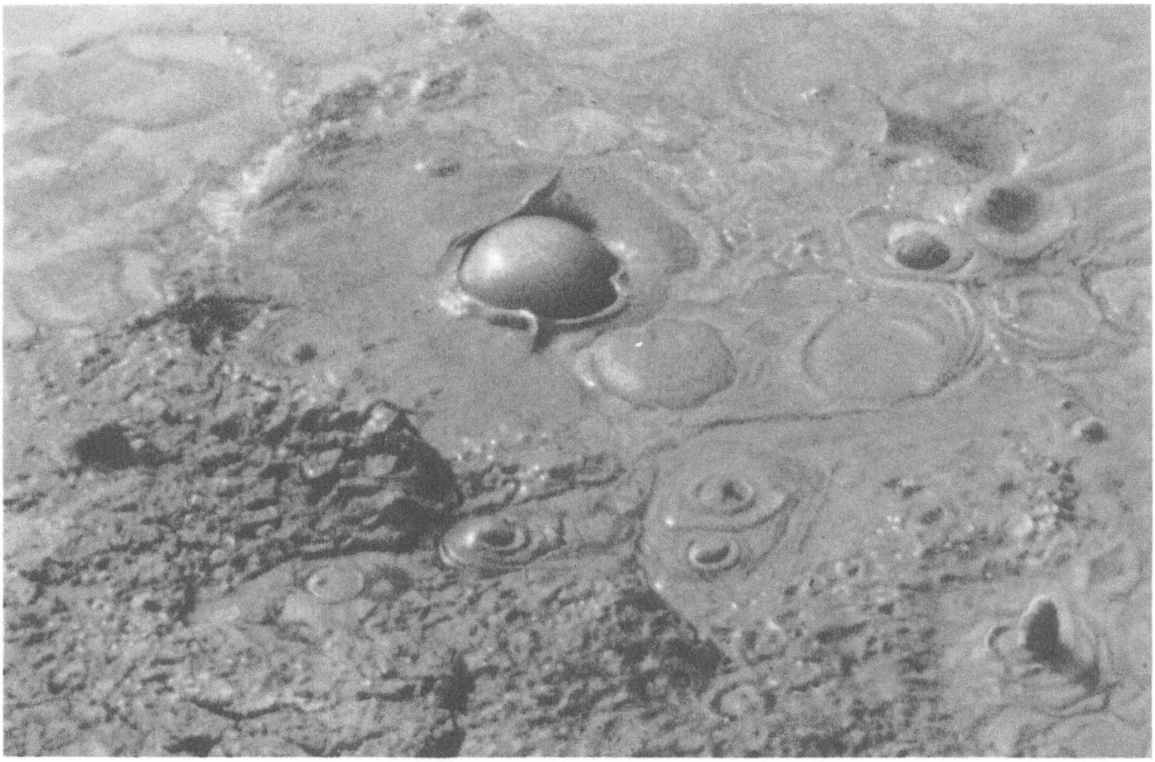

Photo Sonder

Bild 9. Oberfläche eines großen Schlammpfuhles aus dem Solfatarenfeld von Bild 8,
mit aufsteigenden Gasblasen verschiedener Größe

Photo Backlund

Bild 10. Der Sinterkegel des Großen Geysirs von Island bei Haukadalur im Ruhezustand

Bild 11.

Bild 12.

Bild 13.

Ausbruch des « Großen Geysirs »
Islands in den Abendstunden.
(Basihver.) Bild 11. Erste Phase
mächtige, intermittierende Aufwal-
lungen im Geysirbecken (zirka
10 Minuten). Bild 12. Die (zweite)
Hauptphase beginnt. Bild 13. Der
Dampfwasserstrahl mit abziehen-
dem Dampfschleier (zirka 10 Minuten). (Bilder 11 und 12 sind aus
größerer Distanz aufgenommen als
Bild 13.)

Photo Sander

Bild 14. Großer Schlammkessel bei Seltun, Krisuvik. Im Innern befindet sich heißes schlammiges Wasser, in dem zahlreiche Gasblasen aufsteigen

Photos Sonder

Bild 15. Eine Reihe von kleinen kegelartigen Aufstoßungen von zerbröseltem Tuffmaterial nördlich Gutahlid, vermutlich auf magmatische Aufstoßvorgänge längs einer Spalte zurückführbar

Bild 16. Gewächshäuseranlagen an den heißen Thermen von Sudur Reykir bei Reykjavik. Es bestehen bei vielen heißen Quellen solche Treibhäuser, wo südliche Gemüse und Früchte wie Tomaten, ja sogar Trauben zum Reifen gebracht werden können

Photos Sonder

Bild 17. Zum Problem der Bildung des Palagonittuffes: Ein Lavastrom ergießt sich in den Kivusee, Afrika, ohne daß sich am Wasser-Lava-Kontakt eine bemerkbare Vertuffung geltend macht

Bild 18. Der Tuffpfropfen des Helgafell südlich Reykjavik, offenbar eine lakkolithische Aufstoßung
Ringsum die große Lavaebene

Photos Sonder

Bild 19. Der Nordabfall des Hengillgebirges mit treppenartigen Bruchstufen und Rauchfahnen von heißen Quellen

Bild 20. Der Tuffgrat des Vesturháls (Trölladyngja) von Osten. Im Vordergrund ein flechtenbewachsenes Lavafeld, von Flankenausbrüchen des Vesturháls und des Sveifluháls herstammend

Photos Sonder

Bild 21. Der Schildvulkan Skjaldbreidur und der danebenstehende Horstberg Hlödúfell, letzterer wahrscheinlich durch lakkolithische Aufstoßung entstanden

Additional information of this book

(*Studien über heisse Quellen und Tektonik in Island; 978-3-7643-0562-8_OSFO*) is provided:

http://Extras.Springer.com